一 本 让 亿 万 心 灵 沉 静 的 书

献 给 所 有 感 到 迷 茫 、 不 快 乐 的 都 市 人

心静了，幸福就近了

雷建军 ◎著

世界上所有的幸福，都以内心的宁静作为基本特征。
——普希金

不平静，就不会幸福。
——白岩松

上善若水。水善利万物而不争，处众人之所恶，故几于道。居善地，心善渊，
与善仁，言善信，政善治，事善能，动善时。夫唯不争，故无尤。
——《老子》第八章

△ 海天出版社（中国·深圳）

图书在版编目 (CIP) 数据

心静了，幸福就近了 / 雷建军著. — 深圳 : 海天
出版社, 2015.7
ISBN 978-7-5507-1312-3

Ⅰ.①心… Ⅱ.①雷… Ⅲ.①人生哲学—通俗读物
Ⅳ.①B821-49
中国版本图书馆CIP数据核字(2015)第039110号

心静了，幸福就近了
XINJINGLE，XINGFU JIU JINLE

出 品 人　陈新亮
责任编辑　顾童乔　张绪华
责任技编　梁立新
封面设计　蒙丹广告

出版发行　海天出版社
地　　址　深圳市彩田南路海天大厦　(518033)
网　　址　www.htph.com.cn
订购电话　0755-83460293(批发)　83460397(邮购)
设计制作　蒙丹广告0755-82027867
印　　刷　深圳市希望印务有限公司
开　　本　787mm×1092mm　1/16
印　　张　19
字　　数　232千
版　　次　2015年7月第1版
印　　次　2015年7月第1次
定　　价　39.00元

心 静 了，幸 福 就 近 了

序

在烦躁毁了你之前，让心静下来

在生活中，你是否因不顺心的事情而灰心丧气？在职场中，你是否因工作压力而烦躁不安？在家庭中，你是否因家庭琐事而郁闷不已？其实，这都是你的情绪在作怪。

情绪是个很复杂而微妙的东西，好情绪可以成就我们的人生，而坏情绪则可能让我们一蹶不振。毋庸置疑，烦躁是一种最常见的不良情绪。生活中，许多人为烦躁所困扰，在我们的周围，经常就可以听到不少人开口就是："心里烦啊！"

虽然，烦躁不是什么大病，但烦起来真的要人命。当一个人产生烦躁的心结，便会使思维处于一种游离状态，思绪不能规整，如同孑然一身行走于无边无际的沙漠，没有方向地乱撞，最终很可能会招致自我毁灭。据医学专家研究，烦躁对人的身心健康构成极大威胁，烦躁将是 21 世纪最常见的心理病。可见，在社会环境的种种压力下，由烦躁带来的现代病已经成为影响人类健康的重要疾病，是一个必须引起大家重视的问题。

现代人的生活节奏加快，得失之间也变得鲜明无比，情绪的震荡，再加上人际间竞争的复杂性，心理调节不当，就极易陷入烦躁情绪的恶性循环中。所谓的"恶性循环"，指的是一旦你因为事情不顺利而郁闷不已，就会导致心灰意冷，而这些状态会让更多的挫败和失落接踵而来，因此也就导致了烦躁。

烦躁是困扰人类的一大灾难，每个人在生活中都难免遇到烦躁的事，烦躁就像病毒一样，对我们的身心构成极大危害，甚至能摧毁人的一生。世界本没有变，改变的是自己的心情。不论遇到什么事，只要你心静如水、泰然自若，你就永远不会遭受不良情绪的侵扰。你生活的快乐是因为你有愉悦的心情，你生活的烦躁是因为你有烦恼的心情。世上一切令人不愉快的事都是因为自己的心情出了问题——内心无法安静下来。

俗话说："人生不如意的事十之八九，苦恼也是一天，快乐也是一天，我们何不快快乐乐地过好每一天呢？"愁眉苦脸、闷闷不乐是一种难以承受的精神折磨。而一个常挂笑脸的人，精神总是轻松的、愉悦的。一个人的脸上笑容多了，烦恼就少了；忧愁多了，快乐就少了。一个整日闷闷不乐的人，看不到生活的希望，只盯着生活的阴暗面，陷在苦恼的泥潭里不能自拔，这样的人生实在是一个悲剧。

有时候，烦躁，是因为我们放不下，总是想要拥有一切，总是喜欢攀比，总想胜人一筹。殊不知，欲望是产生痛苦的根源。你的欲望越多痛苦越深。懂得放下，在生活中保持一颗平静的心，你就远离了烦躁，也就远离了痛苦。放下烦恼，你就没有了烦恼，你就可以畅快地舒展自己紧锁的眉头，平日里所有的不快都会烟消云散。当一切的不愉快都成为过眼烟云，你就会整个的轻松起来。

另外，一个喜欢抱怨的人，是极容易烦躁的。生活本来就是多面的，如果我们总是盯着痛处抱怨不止，我们的烦恼就会越来越多，我们就无法享受生活，是抱怨遮住我们发现幸福与快乐的眼睛。其实，我们可以静下心来想一下，生活中即便遇到不顺心的事，抱怨就能解决问题吗？无论你多么愤怒，问题都不会减一毫一分。抱怨不仅解决不了问题，还会让你钻牛角尖，让你的不良情绪陷入恶性循环。因此，与其抱怨，还不如调整心态，让内心安静下来，进而努力改变。

朋友，如果你不想让烦躁毁了你，那就先学会如何放下外界的纷争，从内心平静开始吧！毕竟，心静了，烦躁就少了，幸福自然也就近了！

如果，你还不知道该如何小心呵护好自己的心态，如何学会排解自己的烦躁情绪，拥有一个充满阳光的心情，那么，你手中的这本《心静了，幸福就近了》将是你最好的心灵指南。它将告诉你怎样摸清烦躁情绪的规律，助你早日走出烦躁的泥潭，进而给你的生活带来快乐与幸福。

是为序。

心 静 了，幸 福 就 近 了

目 录

第一辑 放下就能静心，越放下越自在

一个人内心不能平静，总是烦躁不安，大多是因为放不下，总是想要拥有一切，总是喜欢攀比，总想胜人一筹。殊不知，欲望是严生痛苦的根源，你的欲望越多痛苦越深，懂得放下，在生活中保持一颗平静的心，你就远离了烦躁，远离了痛苦。放下烦恼，你就没有了烦恼，你就可以愉快地舒展自己紧锁的眉头，平日里所有的不快都会烟消云散，当一切的不愉快都成为过眼烟云，你就会整个人的轻松起来，幸福和快乐就会情情降临到你身上。

第二辑 笑对生活，幸福就在身边

人生不如意的事十之八九，苦恼也是一天，快乐也是一天，我们何不微笑着过好每一天呢？一个常挂笑脸的人，内心不仅充满阳光，也会给他人带来阳光和希望，因此，人们都喜欢笑口常开的人，一个人的脸上笑容多了，烦恼就少了；快乐多了，快乐就少了，一个整日闷闷不乐的人，看不到生活的希望，只盯着生活的阴暗面，陷在苦恼的泥潭里不能自找，这样的人生实在是一个悲剧。其实，生活的不如意并没有你想象的那么严重，微笑面对困境，你的人生将是一片光明。

第三辑 | 让内心安静一点，抱怨不如改变

一个人如果总是怨这怨那，他的烦恼会越来越多，生活本来就是多面的，你如果总是盯着痛处抱怨不止，你就无法享受生活，是抱怨迷住你发现幸福与快乐的眼睛。试想一下，生活中即使遇到不顺心的事，抱怨就能解决问题吗？无论你多么愤怒，问题都不会因你的抱怨而减一毫分。抱怨不仅解决不了问题，还会让你钻牛角尖，走进思想的死胡同。因此，与其抱怨不如调整心态积极面对，进而努力改变。

第四辑 | 感恩，人生幸福的源泉

感恩之心是人生最宝贵的品格。一个懂得感恩的人，一定是具有良好修养的人。一个热爱生活的人，一个无论在什么情况下都保持风度的人，一个不懂感恩的人，必然是一个人生充满苦涩的人。感恩犹如内心的阳光，给我们带来光明和温暖。拥有一颗感恩的心，我们的生命才会充满滋养，我们的灵魂才会更加纯净。感恩，会让你拥抱留于千里之外。感恩的人生，是幸福的人生。感恩，来自对生活的爱与希望，它是一种蓝天的心态，是人生幸福的源泉。

第五辑 | 赞美让内心宁静，嫉妒让心情烦躁

每个人都希望得到别人的赞美，赞美像一缕阳光，给人带来温暖和信心。真诚恰当地赞美别人，不仅是对别人的肯定，还是对别人的认可和尊重。真诚地赞美别人不仅会使得对方身心愉悦，还会帮助你建立良好的人际关系。而现实生活中，对多人对他人的成就和长处不是欣赏而是嫉妒。嫉妒是心灵的肿瘤，是一种很不健康的心理。嫉妒的人常自寻烦恼，既损人又害己。克服嫉妒，学会欣赏，你才能打开烦躁的枷锁。

第六辑 | 多一分宽容就多一分平静

人的一生中，最难能可贵的是拥有宽容。宽容是一种智慧，是一种大肚能容的胸怀。它让你坦然面对人生的得与失、荣与辱，释怀过去，救赎未来。而一个斤斤计较的人，整天与生活的琐碎所纠缠，不懂得原谅别人就是折磨自己。宽容别人就是宽容自己。只要你拥有了宽容，在你前进的道路上，也就充满了希望和光明。宽容使人的生活变得轻松和快乐，并带给人们更多温馨。一个人愈懂得宽容，就愈懂得珍惜自己和身边的人。

第七辑 | 不必烦恼，坦然接受不完美

金无足赤，人无完人。每个人都是不完美的，十全十美的人是不存在的。每个人都是被上帝咬过的苹果，有的人缺陷比较大，那是因为—上帝特别喜爱它的芬芳。每个人都有缺陷，而许多缺陷往往是生俱来的，譬如相貌、来性、智商、能力等方面的缺陷，一经形成后，就很难改变。因此，我们要去适应它，悦纳它，要换个角度看待自己的缺陷，它的另一面就是完美。正是因为人有了缺陷，才能突出另一方面的完美。有时，正是缺陷成就了我们的人生。

第八辑 │ 懂得取舍，别让得失扰乱心灵

舍得，有舍才有得；舍得，是一种智慧，是一种豁达，是一种人生境界。学会舍得，人生才能从容淡定、生活才会阳光灿烂。"舍得"二字，四两拨千斤般解释了人生旅途上大大小小的事物，没有舍，哪有得？每个人的一生都是在不断地舍失中度过的，我们的不知意和不顺心其实都与得失之间的心理失衡有关，许多人因此而愁思思虑，这样人永远不会快乐。学会舍得、学会洒脱，你的人生同样可以有属于自己的精彩。

第九辑 │ 把握现在，珍惜当下所拥有的

拥有时不懂得珍惜，非等失去了才觉得珍贵，这是许多人的通病。与其失去了才明白拥有的宝贵，不如从现在开始就好好珍惜自己拥有的。擦亮眼睛，你会发现你已经拥有很多，没有必要整天为那些追求不到的东西而烦躁。珍惜拥有的，不仅因为它容易失去，而且因为它来之不易，珍惜拥有的，一生中会少许多遗憾、多几分坦然。幸福，是为懂得珍惜的人准备的，懂得珍惜，生命将变得温暖、安宁和快乐。

第十辑　远离仇恨，感谢折磨你的人

刀不磨不锋利，人不磨不成器。在生活中，我们总要经受许多折磨，经历各种苦难，许多人时自己的"仇人"怀恨在心，总是处心积虑地报复。仇恨与报复不仅伤害他人，同时也伤害自己。我们应该感谢折磨自己的人，正是由于他们的存在，才使得我们时刻保持危机意识，使我们的人生充满了转折和收获。只有感谢曾经折磨过自己的人或事，才能体会出生命的意义。生命就是一次次的蜕变过程，唯有经历各种各样的折磨，才能打开生命的格局。

第十一辑　让心静下来，幸福就会到来

不良情绪是困扰人类的一大灾难，每个人都避免不了不良情绪，不良情绪就像病毒一样，对我们的身心构成极大危害，甚至能摧毁人的一生。世界本没有变，改变的是自己的心情。不论遇到什么事，只要你心如止水，泰然自若，你就永远不会遭受不良情绪病毒的侵扰。你生活的快乐是因为你有愉悦的心情，你生活的烦躁是因为你有烦恼的心情。世上一切令人不愉快的事都是因为自己的心情出了问题。小心呵护你的心情，你才能远离烦躁。

放下就能静心，越放下越自在

一个人内心不能平静，总是烦躁不安，大多是因为放不下，总是想要拥有一切，总是喜欢攀比，总想胜人一筹。殊不知，欲望是产生痛苦的根源。你的欲望越多痛苦越深。懂得放下，在生活中保持一颗平静的心，你就远离了烦躁，远离了痛苦。放下烦恼，你就没有了烦恼，你就可以畅快地舒展自己紧锁的眉头，平日里所有的不快都会烟消云散。当一切的不愉快都成为过眼烟云，你就会整个的轻松起来，幸福和快乐就会悄悄降临到你身上。

烦恼大都是自找的

打开烦恼的心结，你才能走出忧郁的阴影，让心灵的翅膀自由地飞翔。

在生活中，每一个人都会有这样或那样的烦恼。然而，有许多烦恼都是自找的。烦恼说白了，就是一个人的心结。我们只有自己主动打开这个心结，我们才能驱逐烦恼的阴影，获得身心的轻松。

一个人如果能够以正确的心态对待生活中的不如意，凡事都抱以积极乐观的态度，去勇于面对人生路上的风吹雨打、困难沟壑，那么，烦恼就会自觉自动地离开了。

要做到这一点并不是一件容易的事，当烦恼困扰我们时，大多数人还是难以理智地去面对烦恼这个不速之客的袭扰。于是，乐观的人，就会以一种天塌下来、还有比自己个儿高的人顶着的心态，去给自己来那么一两下四两拨千斤的理由，就轻而易举将恍如从三千英尺的高度跌入谷底深渊所产生的失落感降到最低，让烦恼来无影去无踪。

好多人总是莫名其妙地自寻烦恼，他们经常抱着这样的观念，"工作吧，没意思；不工作吧，也没意思。有钱吧，没意思；没钱吧，也没意思。谈恋爱吧，没意思；不谈恋爱吧，也没意思……"不管怎么样，都是没意思，归结起来"活着吧，没意思；不活吧，也没意思"。思来想去，原来世上的一切，都是那么无聊、没意思，这怎能不使人感到"烦恼"呢？

"烦恼"到底是怎么产生的？其实，全都是心态使然。一个人怨天尤人，总觉得事事不顺心事事不如意，那他肯定要加入"烦恼"一族。

有一位性格内向且敏感的女孩，她总是因一些生活琐事而烦躁不安，总爱跟自己较劲，遇上一点事情，就胡思乱想，给自己制造烦恼。舞场上没有人邀她跳舞，她心里烦恼；年终没有评上先进，她心里烦恼；碰上某个领导没和她打招呼，她也烦恼……烦恼一来，她就会好几天萎靡不振。当她察觉到烦恼给自己带来高血压、心脏病时，后悔不已。她想克制自己，但烦恼一来，她又无法克制。

后来，有人建议她每天写20分钟日记，把消极的情绪忠实地写在日记里。

这个日记是写给自己的，既要写出正面，也要写出负面。这样就可以把消极的情绪从心里驱走，留在日记里。

打这以后，这位女孩就坚持写日记，通过记日记来宣泄自己的烦恼。遇到自己爱猜忌的事情，便在日记里自己说服自己。她曾在一篇日记里写道："我在楼梯上向某局长打招呼，可他绷着脸，皱着眉头，看也没看我一眼。我想他的态度冷漠不是冲着我来的，八成是家里出了什么事，要不然就是挨了上级的批评。"她日记里这么一写，心里的疑团一下就烟消云散了。

她还在另一篇日记里提醒自己："我翻阅上月的日记，发觉那时的烦恼现在完全消逝了。这说明时间可以解决许多问题，也包括烦恼在内。如果我以后遇上新的烦恼，就要不断地提醒自己：现在何必为它烦心，我何不采用一个月后的忘却状态来面对眼下的烦恼。"

坚持写日记也不失为一个打开烦恼心结的好方法。将心中的烦恼写进自己的日记本，等时过境迁了可以再回头看看，那些事是否值得自己烦恼。

其实，只要你摆正心态，生活中本来有许多有意思的事情可做，只是烦恼的人总是戴着"没意思"的有色眼镜去看问题，这样一来，再有趣的事情也会变得索然无味。一个生活充实的人，是因为他能够找到自己的位置，自己使自己充实起来。因此，"烦恼"主义者，应当重新审视自己，摆正个人与社会的关系，以积极的态度去面对生活，如此就会发现，生活原本就是丰富多彩的，而非想象中的"烦恼"。

烦恼的产生，不过就是自己产生的心结。常言说得好，解铃还需系铃人。只要我们能够打开烦恼的心结，那么，即使遇到再大的麻烦事，都一定能顺顺当当地化复杂为简单，人们也就能从此拥有轻松、纯净、安宁的心境了。

打开烦恼心结的方法有很多种。最常见的莫过于：身心放松，无论眼前发生了什么不幸的事，都不要烦恼，凡事都要往好的方向想。

时刻注意自己的情绪变化，尤其是遇到困难的时候。一旦发现自己的思绪有烦躁或郁闷的倾向时，就应该立刻修正自己的情绪。尽快捡拾起能使自己产生天马行空般的，对未来美好生活的遐想。放飞自己心灵的翅膀，就一定能在烦恼的情绪还未来得及在心间驻留前的刹那间，将烦躁、忧虑的坏心情，快速地扼杀在摇篮里。

只要人们在保持自己轻松快乐好心情的基础上，以一种轻松、乐观、积极健康的人生态度，去面对人生旅途中的一切荆棘，将功名富贵看淡、看远，就会打开烦恼的心结。心态放松，那么，烦恼就一定会远离你，且愈来愈远……

一个经常为小事而烦恼的人是逃避现实的表现，我们应该勇敢地去面对现实，把烦恼当作脸上的灰尘、衣上的尘垢，随时洗拂，常保洁净，这样我们才能赢得智慧和快乐。

不管你用什么方法去化解烦恼，都离不开精神的力量。烦恼只能用精神力量去化解，而不是用自甘平庸、自甘堕落的心态去积攒，当生出的烦恼日益堆积时，就会产生郁闷的心结。这种郁闷会使你的思维处于一种游离的状态，思绪不能规整，如同孑然一身行走于无边无际的沙漠，没有方向地乱撞，最终可能会招致自我毁灭。直面烦恼，树立自己的精神志向。

我们应该明白任何事物的好坏都是相对的，关键在于你以怎样的心态去对待它。事物是客观的，好与坏都只是世人的评说而已。一件事物对于一部分人来说是好事，对另一部分人来说，就可能是坏事。修正个人的心态是摆脱"烦恼"的理智选择，"烦恼"并不是什么不治之症，只要你有心脱离"烦恼"，敢于否定自我、超越自我，你将会发现一个灿烂的新天地。

放下包袱才能轻松前行

能放下是一种境界。放下一点，你就轻松一点。会"放下"的人，才是真正懂得生活的人。

有许多人，生活中遇到一点不如意就耿耿于怀，抱怨自己是天下最倒霉、最不幸的人。人生在世不可能永远一帆风顺，遇到点挫折、困难是很正常的事。如果你心里老是想着这些不如意的事，总是放不下，你就会整天被烦躁的心情困扰。

能放下是对生活的一种觉悟、一种在历经苦难后的豁达。人们常说："拿得起，放得下"，说的就是这个道理。

一个有智慧的人是不会怨天尤人的，他能在"举起"与"放下"之间拿捏得游刃有余。好多人都是经过一番磨炼才会逐渐明白这个道理，把该放下的都放下了，才感觉到生活的轻松。然而，好多人一生都未能放下，明明知道放不下的苦恼与痛苦，可就是不肯放手。

一位年轻的小伙子整天愁眉不展，郁郁寡欢。他实在受不了这种令人苦痛的生活，于是他去请教一位智者，希望智者能帮他解除人生的烦恼，走出烦躁的深渊。智者给他一张纸，让他举着不要放下。一分钟过去了，问他累吗，他说不累；半个小时过去了，问他累吗，他说手臂有些酸；一个小时过去了，问他累吗，他说手臂都麻了。智者让他放下，问他感觉如何，他说感觉轻松无比。

这个故事告诉我们，我们之所以烦躁，生活得不快乐，其中最重要的原因就是我们不懂得放下。

生活中这样的"纸"随处可见，我们也如年轻人那样"举"着它。天长日久，我们的生活就会疲惫不堪。累了，就要懂得"放下"，放下才能自在。"放下"是一种境界，一种类似于佛的超然与清净，能使你的心不必再承受那一张张对生命来说本是多余的"纸"。放下那颗追名逐利的心，放下那些困扰你的生活琐事，放下生活与工作的压力，放下一切你所能放下的，还自己一个轻松清净的空间、一片心灵的净土和一方恬静的园地。

放下昨天的金钱、名利、痛苦、悲伤，才能享受简简单单中的自由自在的心灵的轻松。

"放下"二字听起来容易，可做起来就没那么简单了。有的人热衷于追求功名，所以他放不下功名；有的人醉心于追求金钱，他就放不下金钱；有的人沉溺于浪漫的爱情，他就放不下爱情。因此，人生在世能够真正做到"放下"的人少之又少。

一个成年人，历经生活的艰辛，事业的失败，婚姻的破裂。他实在承受不了生活的负重，所以经过了长途跋涉，找到一位有名的高僧。他疲惫地跪了下来，高喊着："大师，救救我。"高僧望着他说："我看你病了，你应该去看医生。"

成年人无奈地说："我什么病都没有，我就是活得太累了，我实在坚持不下去了，让我出家吧！"高僧笑道："烦恼是由你的内心产生的，即使你出家也消除不了你的烦恼啊。"说完，高僧略思片刻，接着对成年人说："走吧，我正好有事，跟我走一趟吧。"

高僧阔步向前走到了一条大河边，成年人拖着沉重的脚步也跟了过来，大师解开了拴在大河边的小船，载着成年人向河对岸驶去，到岸下船，大师对成年人说："放下。"成年人放下了左手行李，高僧又说："放下。"成年人又放下了右手的包袱。高僧高声大喊："放下。"成年人左右上下环顾说："大师，我什么也没了，放下什么？"高僧说："我不是让你放下你手里的东西，而是让你放下心里的沉重。这样吧，你把那船扛着，跟我走吧。"

成年人觉得很困惑，说道："船是帮助人过河的，我怎么能扛得动。"高僧放声朗朗大笑说："对了，我们做过的事，走过的路，说过的话，生活的所有经历，所有的快乐或艰辛，都已是过去，为什么我们要放在心上。不管得与失，以后的，才是我们将努力的，过去的就如同天上飘过的云彩，已经在风的吹动下散开了，不要留恋过去，以后的快乐，才是我们应该要寻找的。"

成年人听了高僧的话，如释重负，脸上出现了轻松的笑容。

这个故事说明一个道理：别把昨天痛苦与悲伤的垃圾堆放在心上，那样，我们的心一定不堪重负，甚至会被压迫得停止跳动。

唐朝大诗人李白说："人生飘忽百年内，且须酣畅万古情。"人生不过百年，一晃就走到了终端，我们没有必要背负昨天那些痛苦和哀伤。

我们每一天都要给心灵播下一颗快乐的种子，让心欢跳不止，让快乐在心中发芽。

生命既然如此宝贵，我们应该好好地爱惜它、利用它、充实它，让这宝贵的生命轻松自由地绽放。

你要想获得轻松，得到大自在，就要学会放下，你要学会放下一切忧愁，放下一切仇恨，放下对功名利禄的追求，放下一切不愉快的记忆，当然也同样包括放下不该是你的金钱，放下不该你有的感情……

那么，如何才能放得下呢？在生活中你不妨尝试做到以下几点：不过分看重名利，不要攀比，要有长远的目标和坚强的意志。"放下"并不意味着"放弃"，"放下"是丢掉生活中的累赘。"放下"是为了更好地前进。譬如一架飞机油量不足时千万不可放弃生存的欲望，我们可以丢掉一些包囊，让飞机顺利降落。"放下"一点，你便觉得轻松一点，行动起来自然更加有力。我们行动的停滞或受阻往往是由于思想的"包袱"太重而又舍不得丢掉一些所导致的，只要放下思想的包袱，我们的行动就会有"轻舟已过万重山"的快感。

放下包袱，才能轻松前行。我们对待生活应该抱有积极的态度，放下精神和物质的"包袱"，以一种超然的态度去看待人生、创造人生、享受人生。不要因为鸡毛蒜皮的事使自己的身体和心理承受不必要的压力，"放下"便是为自己打开一扇通向光明、通向成功的窗户，"放下"便是选择了一条豁然开朗的生命之路。能放下的一定是具有大智慧的人。

舍弃攀比，痛苦就会远离

人生幸福的标准不是来自攀比，而是来自自身对人生的参悟，只要满足了自己的所需，就是快乐的，攀比只会将你推进痛苦的深渊。

人们常说"知足常乐"，但真正做到的却少之又少。人与人是不同的，包括家庭背景、工作经历、经济地位，这就导致了人们在生活中不断地攀比，总想胜人一筹。要强本没有错，过于争强好胜并不是好事。攀比让心中产生了太多的痛苦与烦恼，善于攀比的人活得很累，攀比是产生烦恼与痛苦的根源。

心理学家告诉我们，比较是人的本能，无论是在工作中还是生活中，人们习惯寻找类似的比较对象。

比如好多家长就对自己的孩子说，你看人家的孩子与你一个年级，人家考得多好而你……家长的这种攀比心理，无形中给了孩子太多的压力让他心中有太多的负担，这样会给孩子带来痛苦和烦恼。

在职场上，同事之间攀比也是很普遍的现象，同样工作而他拿的工资多而我拿的少。有时在家庭中也是如此，别的家庭是那样的有钱而我们却没日没夜地干却只够零花，别人的家中什么都有而我的家中却还是结婚时的老样子。好多妻子常常抱怨丈夫不中用，不能挣钱，自己在家又没有钱买这个买那个，出门没有好的衣服。别的人家两口子在外面一天挣很多钱而我们却是那样的少。夫妻的攀比使得诸多家庭陷入深深的苦难中，好多家庭因此走向破裂。

小云最近经常参加同学聚会，因为老公这一次评职称，终于评上了教授。

小云自我感觉比以前好了很多。

以前，朋友相聚的时候，小云只能坐在一旁当一个群众演员。在同伴们谈论和老公去国外旅游，或者老公又为自己买了一个名牌包包之类的话题的时候，小云只能是附和性地笑笑。但是最近小云感觉自己的老公还是不错的，已经荣升为教授，这也是令人很兴奋的事情。因此，在聚会的时候，她也会加入到谈话过程中，而不是自卑地坐在一旁。

最近这几次，她从同学会回来，心情都会很好，直到这次的同学会。因为她在别的同学那里得到消息，有一位同学的老公在几年前就已经被评为教授了，现在又升为校长，这位同学现在已经是大学校长夫人了。因为这位同学平时不怎么爱说话，小云和她自然也没有什么交流，她从来没有听说过这位同学的老公也是在大学里工作，而且现在已经当上了大学校长。

别的同学正热烈地谈论着这位成为大学校长夫人的同学，只有小云没有作声，因为她的心情已经跌到谷底了。

小云借口去洗手间，她看着镜子里的自己，眉头紧锁，一脸忧郁。她知道她这是嫉妒了，小云赶紧找借口离开了。

回到家后，小云一边为自己所产生的嫉妒心理而自责，一边又暗暗决定以后只要有这位同学参加聚会，自己肯定是不去了。

人如果整日生活在攀比中，攀比的心理就会蒙蔽你的双眼，你就会迷失了自己，让本有的幸福与自己擦肩而过。为什么人的攀比要与那些有钱的比，不去看看身边那些不幸的人。当我们为工作而寻觅时，再看看身边那些不能工作而永远生活在药中的人难道我们不是幸福的吗？当我们没有钱时，再看看那些没钱的人也是幸福的。人往高处看本没有错，但是有时也不要忘了低头看看。

有适度攀比的心理并非坏事，有时它是动力的来源，是你前进的方向，但是我们的攀比不要用在没有意义的炫耀上，攀比奢华、攀比荣誉，都是虚荣心在作怪，这样的攀比会使你失去很多。

石崇和王恺比阔斗富，两人都用尽最鲜艳华丽的东西来装饰车马、服装。晋武帝是王恺的外甥，常常帮助王恺。他曾经把一棵二尺来高的珊瑚树送给王恺，这棵珊瑚树枝条繁茂，世上很少有和它相当的。王恺把珊瑚树拿来给石崇看，石崇看后，拿铁如意敲它，马上就打碎了。王恺既惋惜，又认为石崇是妒忌自己的宝物，说话时声音和脸色都非常严厉。石崇说："不值得发怒，现在就赔给你。"于是就叫手下的人把家里的珊瑚树全都拿出来，有三尺、四尺高的，树干、枝条举世无双，光彩夺目的有六七棵，像王恺那样的就更多了。王恺看了，露出失意的样子。

俗话说："货比货得扔，人比人得死。"如果你总是把幸福的标准建立在与别人的比较中，总想比别人活得幸福，那么你的生活中不仅得不到幸福，相反充满了痛苦和遗憾。举个例子来说，如果一个人习惯性地看向别人的肩膀，他就会为自己的肩膀不如别人的高而低落甚至气愤难平，当他努力挺直了腰板，感觉自己的肩头有所升高，比刚才的那个人高了点，心里窃喜不已。但是，他马上就会发现又过来一个肩膀比他高的人，这时他再怎么挺腰也不行了，于是他想到可以踮起脚尖，果然这下子终于超过那个人了。但是，他又发现一个比他高的，这时候他可能需要跳起来才能超过那人。

就这样，他将所有的时间都用在搜寻比他高的人，绞尽脑汁想尽一切办法去超过他人，从挺腰到踮脚再到腾空而跳，然后他开始投机取巧，一架无形的梯子搭建而成。他一级级向上爬，登上一级之后，他刚开始有点幸福的感觉，但是马上就发现更高的目标，于是他不得不继续向上登。这是残忍的无底洞，他已经停不下来。

攀比不仅会让自己痛苦，也会让他人受累，总是攀比、有着无限欲望的人总会过分要求自己，增加自己的负担，令自己身心疲惫。喜欢攀比的人没有一个快乐放松的心态，即使已经被幸福包围仍是不知足。一个有智慧的人，知道自己想要什么，不会盲目同别人攀比给自己带来无谓的烦恼和痛苦。

有一种心境，叫顺其自然

凡事你越是处心积虑地追求，你的烦恼越多。顺其自然，你就会少了许多烦恼。

一位名人曾说过这样一段话："有一种心情，叫喜怒哀乐；有一种味道，叫酸甜苦辣；有一种缘分，叫天长地久；有一种心境，叫顺其自然。"

人生在世，活的就是一个好心情，不论你什么职业，什么身份地位，不论你是贫穷还是富有，不论你是得还是失，一切都是过眼云烟。不管昨天、今天还是明天，能豁然开朗就是美好的一天。当岁月在悠悠然然的钟声里消失，一切将幻化成空气中的那份宁静、淡然。所以，人应该顺其自然。

英国哲学家培根说："只有顺从自然，才能驾驭自然。"顺其自然，也就是说我们不要处心积虑追求一些本不属于自己的东西，不要违背事物自身的规律去强求做事，不要在不成熟的季节去采摘青涩的果实，不要让心灵背上沉重的负荷走向漫漫长途。

顺其自然，并不是放弃一切，而是放下不必要的负担。顺其自然无疑是一种智慧的人生境界。顺其自然，不是丧失了追求和奋斗，而是生命换一种状态与追求和奋斗融合得更加紧密；顺其自然，不是不在乎成功的荣耀、失败的苦楚，而是抛弃急功近利和短视眼光，在更高的层次领悟成功与失败转化的契机，收获瓜熟蒂落的果实、畅饮水到渠成的甘泉；顺其自然，是安慰躁动的生命、抚平焦灼的心动，把身心放归静寂。

有这样一个故事，禅院的草地上一片枯黄，小和尚看在眼里，对师父说："师父，快撒点草籽吧！这草地太难看了。"

师父说："不着急，什么时候有空了，我去买一些草籽。什么时候都能撒，急什么呢？随时！"

中秋的时候，师父把草籽买回来，交给小和尚，对他说："去吧，把草籽撒在地上。"起风了，小和尚一边撒，草籽一边飘。

"不好，许多草籽都被吹走了！"

师父说："没关系，吹走的多半是空的，撒下去也发不了芽。担什么心呢？随性！"

草籽撒上了，许多麻雀飞来，在地上专挑饱满的草籽吃。小和尚看见了，惊慌地说："不好，草籽都被小鸟吃了！这下完了，明年这片地就没有小草了。"

师父说："没关系，草籽多，小鸟是吃不完的，你就放心吧，明年这里一定会有小草的！"

夜里下起了大雨，小和尚一直不能入睡，他心里暗暗担心草籽被冲走。第二天早上，他早早跑出了禅房，果然地上的草籽都不见了。于是他马上跑进师父的禅房说："师父，昨晚一场大雨把地上的草籽都冲走了，怎么办呀？"

师父不慌不忙地说："不用着急，草籽被冲到哪里就在哪里发芽。随缘！"

不久，许多青翠的草苗果然破土而出，原来没有撒到的一些角落里居然也长出了许多青翠的小苗。

小和尚高兴地对师父说："师父，太好了，我种的草长出来了！"

师父点点头说："随喜！"

这位师父是一位真正懂得顺其自然的人。刻意强求，你将一无所得；顺其自然，你反倒能有一番收获。

现实生活中，好多人为求一份尽善尽美，绞尽脑汁，殚精竭虑。而每遇关系重大、情形复杂的状况，更是为之寝食难安，最终竹篮打水一场空。

人生的旅途中困难与挫折在所难免，与其劳神苦思，刻意强求，不如顺其自然，反倒能够柳暗花明又一村。

有一首歌唱得好："不经历风雨怎能见彩虹"，无论是成功还是失败，所有的事情都来得很自然，有失败就会有成功，有完美就会有缺陷，且让一切顺其自然，保持顺其自然的心境面对生活，面对人生记忆里或者正在发生的新鲜的事和物。曾经拥有的不要忘记，已经得到的要更加珍惜，属于自己的不要放弃，已经失去的就留作回忆，想要得到的就要更加努力。

如果你觉得身心疲惫，你不妨把心靠岸，让自己休息一下；如果你某件事做错了，你也不必为过去的错误而耿耿于怀，后悔不已。只有顺其自然，才能享受生活。

据史书记载，距今1400多年前，我国南北朝时期的北魏，有一位名叫罗结的大将军，是个罕见的长寿者，终年120岁。他在谈长寿秘诀时说："饮食有节，起居有常，作息有时，清心寡欲，少说多做，无忧无虑。"当时的太武帝听后欣喜地说:"大将军所言极是,世上许多美事,人们顺其自然,即不欲而得。"他用"顺其自然"四个字概括了一个大道理。

凡事顺其自然,确实至为重要。当代著名作家苏叔阳,56岁时患了肾癌,切除了一个肾。术后泰然自若,几年里照样写出了200多万字的作品。在他64岁时又检查出患了肺癌,再次做了手术。他仍心情坦然,"笔耕"不辍,常参加一些社会活动。他笑言:"良好心态可祛癌,乐观情绪能祛病,戒烟限酒少烦恼,心胸开阔得宁静。"

顺其自然不仅能使我们的心灵健全,同样使我们的身体健康。

东晋大诗人陶渊明有句诗:"千秋万岁后,谁知荣与辱?"人生在世,喜怒哀乐、苦辣酸甜、成败得失、功名利禄,生不带来死不带去,没有必要太认真。应该坦然面对,不背包袱,不急不躁,不受任何心理压力的干扰。无论我们遇到什么困难,我们都不应该因此消沉下去,甚至一蹶不振,我们应该泰然自若,得意之时淡然,失意之时坦然。无论得与失,天天都要有个好心情,生活才会充满神奇,生命才会充满活力。

当然,在生活中,合理的追求固然无可厚非,也是必要的,但是忘我的强求、贪得无厌,为了达到目的不惜使用阴谋诡计,最终又得到什么呢?终日忐忑不安、伤神劳心,又失去了什么呢?

老子在《道德经》曾说:"福兮祸所伏,祸兮福所倚。"一个人不可过于贪婪,索取一定要适可而止,钱再多,买不到真正的感情;权再大,管不住自己的性命;抱有一个顺其自然的心态,远离了担惊受怕,才能心安理得;踏踏实实、平平安安过一生,才是真正的幸福。

我们得到时要懂得珍惜,失去时也没有必要懊悔,无论你是穷还是富,这都不重要,重要的是如何看待,重要的是怎样面对。锦衣玉食并不一定带来幸福快乐，粗茶淡饭一样能颐养天年。

即使你拥有至高的权势地位，你也有烦恼；普通百姓，平平淡淡，也有自己的欢乐。顺其自然是一份心意，其实，也是一种境界。

心没有放下，便无幸福可言

重负太多，人生反而沉重。放下重负的累赘，烦恼便随之离去，而幸福却悄然而至。

挫折与困难常常伴随着我们的人生旅途，使得我们束手无策，心烦意乱，甚至丧失对未来的信心。在遭受困难打击的情况下，我们最需要一种心态，那就是放下。只有放下我们才能走出困境，迎来幸福。

人，必须懂得及时放下，放下那些不必要的东西。我们应保留生命中最有价值、最必要、最纯粹的部分，而放下那些牵挂与累赘。为了获得熊掌，我们可以放下鱼；为了事业的成功，我们可以放下逍遥娱乐；为了纯真的爱情，我们可以放下金钱。

放下后，你的心灵才会得到解放，你才能看到蔚蓝的天空，你才会感受到温暖的阳光。你只有放下了，你才能找回你自己，找回快乐和幸福。其实生活原本应是轻松、自在、幸福的，只是我们的欲念太多，就像无底洞，总是填不满，在世总是想抓点什么。有了房子想抓金钱，有了金钱想抓功名，抓得世界五彩缤纷，抓得自己精疲力竭，可我们毕竟是肉胎凡人，在世也就短短数十载，心里想得太多而能抓到的实在太少，何苦，还不如以好的心态放下。

盘点一下那些生活美满、家庭幸福、事业有成者皆为能放下之人。

很久以前，西藏有个酋长，有名望，有地位，过着极其奢华的贵族生活。他的贪心如沸水一般奔腾，每天忙忙碌碌，从来没有给自己休息的空间和时间，做事和金钱放在第一位，所以谁也没有看见过他脸上快乐的笑容，也没有听到幸福的笑声。

有一天，酋长做生意亏了一笔钱，感到很烦恼，睡觉时翻来覆去，睡不着，这时候，他听到外面传来山歌，就觉得很奇怪。他就站起来，出去看一看，原来唱山歌的人就是他的邻居老太婆，这位老太婆上没有父母、下没有儿孙，周围没有亲戚和朋友，是个讨饭过生活的乞丐，虽然家里穷，但是她每天唱山歌、跳舞，开心地过生活，多么幸福啊！

酋长想：我这么富有了，都唱不出歌来，也没有她那样的快乐，她这么穷，什么都没有，为什么会唱出歌来，而且还这么高兴，到底为什么？

第二天，酋长故意叫来唱山歌的老太婆，请她帮忙办点事，老太婆按照酋长的吩咐，完成了任务，酋长就装作高兴地给她3个银元宝，老太婆一看到3个银元宝，眼睛就发亮了，高兴而小心地把3个银元宝带回家，就开始想："可不能掉啊！晚上睡觉，可不能让小偷拿去啊！"然后睡不好，在床上翻来覆去，开始想怎么应用3个银元宝，左思右想，歌唱不出来了，实际上忘记了唱山歌，整个晚上都想怎么应用3个银元宝，最后老太婆想做生意，从那天晚上起酋长再也没有听到老太婆唱山歌的声音了，因为，老太婆得到银子之后，开始计划做生意了，心里装满了赚钱的想法，忘记了唱山歌。

老太婆每天忙不过来地做生意，3个银元宝换了青稞，把青稞送到牧场上，换了酥油，又将酥油送到城市换青稞，这样整天跑来跑去，换来换去，再也没有唱山歌的时间和空间，从此，老太婆再也没有真正的幸福、快乐、安静的生活。

酋长终于明白了什么是快乐、什么是痛苦，老太婆拥有了 3 个元宝，就有了烦恼、有了痛苦。酋长想如果我能放下一切的话，一定会幸福快乐的。酋长下决心放下欲望，把所有的财产布施给别人，自己只留下简单的生活用品。这样放下一切，从此，酋长过起了简单的生活，每天唱一些山歌，快快乐乐地生活，才发现自己真的放松了，获得了真正的快乐。

所以说："放下欲望才是真正的幸福。"因为你放下才能没有欲望，没有欲望才能心定与清静下来，心清静才能感受到舒畅、快乐和幸福。

一个有智慧的人，他们总是会放下不必要的东西。"放下"是对捆绑自己背包的一次清理，丢掉那些不值得带走的包袱，才可以轻松走自己的路，达到自己的人生目标。"放下"也是一种心态，以万事皆可"放下"的心态做人也好，做事也罢，就会少一些猜忌，少一些不满，少一些争斗，生活起来不就自在轻松了嘛。

年轻的时候，丽丽苛求完美，什么都要求自己做到最好。那时，她手上同时拥有好几个广播节目，每天忙得天昏地暗，她形容自己："简直累得跟狗一样！"

事情都是双面的，所谓有一利必有一弊，事业愈做愈大，压力也愈来愈大。到了后来，丽丽发觉拥有更多、更大不是乐趣，反而是一种沉重的负担。从此，她的内心开始有一种强烈的不安全感。

后来，不幸的事终于发生了，她独资经营的传播公司被恶性倒账四五千万美元，雪上加霜的是，跟她交往了 7 年的男友提出分手……面对这样的打击，丽丽一时有些难以承受，她迅速地沉沦下去。

丽丽无助地跟朋友说："如果我把公司关掉，我不知道我还能做什么。"朋友沉吟片刻后回答："你什么都能做，别忘了，当初我们都是从'零'开始的！"

这句话让她恍然大悟，也让她重新有了勇气："是啊，我本来就是一无所有，既然如此，又有什么好怕的呢?"就这样念头一转，没有想到在此后短短半个月之内，她连续接到两笔大的业务，濒临倒闭的公司起死回生，又重新走上了正常轨道。

历经这些挫折后，丽丽懂得了越放下，生活越简单、越幸福的道理。为了简化生活，她谢绝应酬，搬离了150平方米的大房子。索性以公司为家，挤在一个10平方米不到的空间里，淘汰不必要的家当，只留下一张床、一张小茶几，还有两只做伴的狗儿。

丽丽发现，原来一个人需要的其实那么有限，许多附加的东西只是徒增无谓的负担而已。她开始懂得：简单一点，人生反而更快乐。

放下就是一种幸福，幸福就那么简单。人该试着一点点去放下某些人、某些事。有些东西，无法忘却，但至少可以淡化。有些心情太沉重、想念太泛滥，那就试着沉淀。

现在，由于心情浮躁，怨这怨那的人很多，总感觉社会对他不公，别人对他不诚，平常生活中总是郁郁寡欢，更没有幸福可言。其实这样的人，心没有放下，哪有幸福可言。如果你在平日里所有的不公平、所有的不快乐，都能放得下，你的心态就会自然明朗起来，让自己感到幸福和快乐。一个人能放得下，放下憎恨、放下名利，自己的心灵就不会有烦恼缠身。时时有微笑，日日有阳光，淡泊名利，豁达大度，一切烦恼就会远离你。这就是放下，就是幸福的真谛。

幸福不是一种"获得"，而是源自于"放下"，放不下自己是没有智慧，放不下别人是没有善心。在面对各种情绪干扰时，能够将贪欲转成淡然，以善心化解瞋心，以谦卑去除骄横，以真诚化解隔阂，以真心感动他人，心有环保情绪，犹如智慧的明灯，清心的甘泉，点点滴滴滋润着他人的心灵。

放下是一种心态，放下是一种人生哲学，放下更是一种大智慧。我们以这种超然的心态去面对生活给予我们的种种考验，以这种平和的人生智慧和人生态度去享受生活的一切。放下之后的人生旅途一定会更加愉快，一定会登得更高，行得更远，看到更多更美的人生风景。

欲望少一点，幸福会多一点

贪婪常常让人重重地摔在自己"欲望"的泥潭里。放下过多的欲望，才能轻松愉悦地生活。

现代社会，随着科技的迅速发展，物质财富越来越丰厚，美好的东西越来越多，我们总希望得到更多，将美好的东西占为己有。然而，我们常常忘记了一个最简单的道理，所有的要求和欲望，不都是为了能够生活得快乐幸福吗？过多的欲望常常使我们违背了这个初衷，甚至越走越远，你的欲望越多，身心就会感觉越累。

人的欲望大体可分两类：一类是本能的欲望，它是人类生存的需要，正常合理满足这些欲望能让人更好地生存下去。如：食欲、性欲、亲情、爱心、自私、合理的放松休息等；一类是人为的欲望，这些欲望都不是生存必需的，而是为了贪图享受。如：喝酒、抽烟、赌博等。

无论是本能的欲望还是后天人为的欲望都不可过度，过犹不及的道理谁都明白。

古时候，有个姓张的奇客住在山西一城隍庙里，他自称魔术师，却极少卖艺，平日放荡不羁，邻里叫他为张狂。

有一天，一些好事的人围着他纠缠，要他变个戏法让大伙开心。那张狂便从身上取出一枚青色的铜钱。他把钱侧嵌在地上，两手对空乱划，似画符念咒。一会儿，那钱飞快长大如车轮，围观的人惊得目瞪口呆。

张狂说："诸位，这个钱暂时放在这里，我明天再来拿。千万不要将脖子伸进铜钱的方孔里，否则必取奇祸。"说完便走了。众人也都散去。

当地有个很粗俗的人，生性贪婪，心想偷取这枚铜钱。他趁天黑，悄悄走近那枚铜钱用力搬动，铜钱却稳如磐石，分毫不动。那人忽然看到方孔中金光灼灼，他急忙伸脖子去看，果见其中琼楼玉宇珠宝无数，还有美女翩翩起舞。那人欣喜若狂，他便伸手入方孔乱取珠宝，塞满袋中，并调戏美女。美女回眸含笑，那人瞬间便魂飞魄散。

正开怀陶醉中，突然看到几名凶神恶煞的大汉飞奔而至，高呼："哪里来的无赖，敢偷窥人家的绣阁。"挥鞭痛打，并将一些污秽的东西扔到他身上。那人痛极欲逃，但觉得方孔逐渐变小，头根本拿不出来，腰以下也如铁钳紧箍，进退不能，痛苦不堪，只得高喊救命。附近的人听到喊救声，都围过来看热闹。

天亮后，张狂来了，他埋怨道："你这个人贪婪成性，贪富贵，好美色，以致钻钱眼，你这是咎由自取，谁也救不了你。"众邻里代为哀求。张狂说："人人都爱财富，但必须靠勤劳去获得。天地间就像诸葛亮的八阵图，廉为生门，勤为活门，贪为死门。他误入死门，他如果有悔心，就可得救。"那人听了后号啕大哭，泪流满面。张狂便取巨笔蘸清水涂钱孔。那人的脖子才从钱孔里出来，脖子糜烂，腰间赤痕数匝，惨不忍睹。他暗中以手探取袋中所偷金珠，哪里是什么宝贝，都是些泥石毒虫。

这个故事虽有夸张的成分，但形象地指出了贪心之人的悲惨下场。过多的欲望带来的不是快乐，是痛苦，是烦恼。

在现实的生活中，像故事中那个钻"钱眼"的人不在少数。诸多官僚在金钱这颗糖衣炮弹的轰炸下而晚节不保；许多如花似玉的花季少女为金钱而委身做甚至自己父亲辈的"第三者"；许多抢劫、绑架、杀人的事件皆因钱而起。这些人最终得到道德谴责与法律的制裁，究其原因都是因为自己欲望太多，钻到"钱眼"里去了。

在生活中，只要你心中欲望不断，就会终日不得清闲，为了生存得更好，就想得到这、得到那，整日东奔西走，忙得唉声叹气，永无宁日。说穿了，我们忙忙碌碌，就是不愿意安于现状，在追悔过去，谋求将来，被眼前的东西所迷惑。

欲望多了，它就成了祸害，成了累赘。许多生意场上的人发生的许多事情，倒下的大都与欲望中的金钱和女人有关。本来他生意做得很好，生活无忧无虑，但由于金钱欲望的膨胀，不切合实际，盲目投资扩大经营规模，赚取更多的利益，当危机到来的时候，一个个倒下，这些都是欲望惹的祸。

从前有一位国王，名叫难陀。他是一名不折不扣的守财奴，他凭借国王的地位和权力拼命聚敛财宝，希望把财宝带到他的后世。他心里想：我要把一国的珍宝都收集到我这儿，不能让外面有一点儿剩余。他吩咐女儿身边侍候她的人说："要是有人带着财宝追求我的女儿，把这个人连同他带的财宝一起送到我这儿来！"他就是用这样的办法聚敛财宝，所有的金钱宝物都进了国王的仓库，全国上下，就没有什么别的地方有财宝了。

在难陀的国中有一个寡妇，只有一个儿子，她对儿子极为疼爱。她儿子看见国王的女儿端庄美丽，容貌非凡，非常爱慕。但是他家里没有钱财，没法和国王的女儿结交。为了这事，他生起病来，以致相思成疾，气息奄奄。他母亲问他："你害了什么病，怎会病成这个模样？"儿子把内心的情感告诉了母亲，说：

"我要是不能和国王的女儿交往，必死无疑。"

母亲对儿子说："可是，国内的金钱宝物一无所剩，到哪里去弄到宝物呢？"她不愿意让儿子生活在痛苦中，想了一会儿，说："你父亲死的时候，嘴里含有一枚金钱。你要是把坟墓挖开，可以得到那枚钱，就可以用那钱去结交国王的女儿。"

儿子遵照母亲的吩咐，挖开父亲的坟，从父亲口里取出那枚金钱。他拿到钱后，来到国王女儿那儿。国王的女儿便把他连同那枚金钱送去见国王。国王见了，说："国内所有的金钱宝物，除了我的仓库中，都荡然无存。你在哪里弄到这枚金钱？你今天一定是发现了地下的窖藏了吧！"

寡妇的儿子如实回答了国王。国王派了人去查验，果然不假，这才相信了。难陀王这时在心里暗自想道：我先前处心积虑地聚集一切宝物，想的是把这些财宝带到后世，整天为此事身心疲惫。可是那个死了的父亲，一枚钱尚且带不走，何况我这样多的财宝呢？于是作偈曰："钱财身外物，悭贪难受益；纵积千万亿，身死带不去。"

人生在世，要想立足社会固然离不开各种各样的物质财富，但人也不能过分贪求。财富为身外之物，何必强求，凡事都有一个度，不可以为欲望所拖累。

我们所有的要求和欲望，都是为了能幸福快乐地生活。否则，得到的再多也是没有意义的。人生在世，只有超脱苦闷忧伤，甩掉不该有的欲望，才能活得潇洒自在。每天创造一份好心情，才能真正享受生活。所以，我们要明白好心情便是一份心灵的喜悦，它能保持你心灵的明亮，并且让你充满身心的快乐和健康。

保持平常心，知足才会幸福

知足是快乐与幸福建立的基础，一个懂得知足的人永远不会烦躁。

中国古代哲人老子在《道德经》中说："祸莫大于不知足"，说的就是知足常乐的道理。孟子也说："养心莫善于寡欲"，说的也是知足常乐的道理。知足常乐，说起来简单，做起来没那么简单。不知足的心态时刻困扰着人们，使人们终日奔波于名利场中，每日抑郁沉闷，不知人生之乐。

知足常乐，也就是儒家提倡的"中庸之道"。一切行为适中、折中为宜，不能什么也不追求，也不要过分追求，凡事讲究个"度"。简言之，就是对幸福的追求持一种极易满足的态度。一个人知道满足，心里就时常是快乐的、达观的，有利于身心健康。相反，贪得无厌，不知满足，就会时时感到焦虑不安，甚至痛苦不堪。

俗话说："人心不足蛇吞象。"贪欲就像一个无底洞，人一旦有了贪欲，就永远不会满足，不满足，就会感到欠缺，就会闷闷不乐。知足者才能常乐。贝蒂·戴维斯在她的回忆录《孤独的生活》中写道："任何目标的达到，都不会带来满足，成功必然会引出新的目标。正如吃下去的苹果都带有种子一样，这些都是永无止境的。"除非你真正懂得常乐的秘诀，否则将永远不会满足于自己所拥有的。

有这样一个故事：有个青年人常为自己的贫穷而牢骚满腹。

"你具有如此丰富的财富，为什么还发牢骚？"一位智者问他说。

"它到底在哪里？"青年人急切地问。

"你的一双眼睛，只要能给我你的一双眼睛，我就可以把你想得到的东西都给你。"

"不，我不能失去眼睛！"青年人回答。

"好，那么，让我要你的一双手吧！对此，我用一袋黄金作补偿。"智者又说。

"不，我也不能失去双手。"

"既然有一双眼睛，你就可以学习；既然有一双手，你就可以劳动。现在，你自己看到了吧，你有多么丰富的财富啊！"智者微笑着说道。

我们常常因不足而烦恼，其实我们本身就很富有，只是贪欲挡住了我们的视线。一个不知足的人不仅看不到自己拥有的，甚至会失去本来拥有的。

有一个人，在路上闲逛时偶然捡了一百元钱，他得到这笔意外之财以后，总是低着头走路，希望还能有这样的运气。

久而久之，低头走路成了他的一种生活习惯。许多年后，据他自己统计，总共拾到纽扣近 4 万颗，针 4 万多根，钱则仅有几百块，可是他却成了一个严重驼背的人。

比较是不知足产生的根源，同样，比较也是知足产生的根源。人的欲望如同黑洞一样，没有填满的时候，任由其膨胀，则会由此生出许多烦恼。如果能多看一下不如自己的人，和他们比一下，而不是一味地和比自己强的人比较，那么一切不平之心也许就会安宁。我们不妨抱一种"比下有余"的人生态度。

有一个民间故事。明朝有个人叫胡九韶，他的家境很贫困，一面教书，一面努力耕作，仅仅可以衣食温饱。但每天黄昏时，胡九韶都要到门口焚香，向天拜九拜，感谢上天赐给他一天的清福。妻子笑他说："我们一天三餐都是菜粥，怎么谈得上是清福？"胡九韶说："我首先很庆幸生在太平盛世，没有战争兵祸。又庆幸我们全家人都能有饭吃，有衣穿，不至于挨饿受冻。第三庆幸的是家里床上没有病人，监狱中没有囚犯，这不是清福是什么？"

知足才会幸福，不知足永远不会幸福。现代社会，"幸福指数"是人们最热衷谈论的一个主题。但是好多人聊起这个话题，都觉得自己并不幸福，虽说收入和物质生活等各方面都已发生了巨大的改变，静心思考，怎么却感觉不到幸福。

幸福其实就是能够保持平常心态，保持一颗平常心去努力创造和改变生活，是对生活经验的感受，当然也是一种生活价值的评价。相对于每个生活的个体来说，幸福是真切的。你们感到一种舒适感、一种成就感、一种称心如意的感觉，那就是幸福。有些人觉得缺少幸福感，一个很重要的原因就是攀比之风让不切实际的欲望急速上升，于是便产生痛苦。名是缰，利是锁，对于名利想得越多，活得就越累。在诸多利益得失面前保持一颗平常心，才能更多地享受到幸福和快乐。

有一艘船在航行途中遇到了飓风，船翻了，唯一一名幸存者——水手被风浪冲到了一座荒岛。每天，这位幸存者都翘首以盼，希望有船来将他救出。虽然他一个人孤零零地在荒岛上，但他并不觉得沮丧，他想到不幸遇难的同伴他觉得自己很幸运。

为了活下来，他就辛辛苦苦地弄来了一些树木枝叶给自己搭建了一个"家"。每天，他都会默默地向上帝祈祷。然而，不幸的事发生了。一天当他外出寻找食物时，一场大火顷刻之间把他的"家"化为了灰烬，他眼睁睁地看着滚滚浓烟消散在空中，悲痛交加。但很快他走出了痛苦的泥潭，他从头再来继续搭建自己的"家"。

第二天一大早，当他还在为自己的新"家"忙碌时，风浪拍打船体的声音惊醒了他——一只大船正向他驶来。

他得救了。

"你们是怎么知道我在这里的？"他问。

"我们看见了你燃放的烟火信号。"

这个故事告诉我们，即使遇到最不幸的事，也要保持一颗平常心。因为比你更不幸的还大有人在。如果那位水手不是保持知足的心态，他很可能早就没有勇气活下来。如果不是他的房子失火，他也不可能遇到救他的船。

一个不知足的人总是会往上比，结果越比越焦虑，越比越泄气，越比越觉得没了幸福感。不妨也向下比一比，比一比在成长进步、在生活境况上不如自己的人，辩证地对待事物，自己说服自己，自己给自己减压。西方经济界有个理论叫"幸福递减律"，说的就是人们对同一事物幸福的感觉，会随着物质条件的改善而降低。

譬如你一个人在一望无际的沙漠中行走，口渴难耐时，如果这时给你递上一杯清凉的水，你一定会激动万分；而当你步入绿洲时，对一杯水的幸福感就会几近于零。朱元璋当放牛娃时，饿得昏迷不醒，一碗白菜豆腐汤令他如遇仙味；当皇帝后，他尝遍天下厨师做的"珍珠翡翠白玉汤"，却总觉得不是当年那种美好的滋味。经常与不如己的人比一比，和自己的过去比一比，自然会产生幸福感。

真正做到知足，人生便会多一些从容，少一份烦恼；多一份快乐，少一份忧愁。

笑对生活，幸福就在身边

人生不如意的事十之八九，苦恼也是一天，快乐也是一天，我们何不微笑着过好每一天呢？一个常挂笑脸的人，内心不仅充满阳光，也会给他人带来阳光和希望。因此，人们都喜欢笑口常开的人。一个人的脸上笑容多了，烦恼就少了；忧愁多了，快乐就少了。一个整日闷闷不乐的人，看不到生活的希望，只盯着生活的阴暗面，陷在苦恼的泥潭里不能自拔，这样的人生实在是一个悲剧。其实，生活的不如意并没有你想象的那么严重，微笑面对困境，你的人生将是一片光明。

不必烦恼，用微笑面对生活

生活是一面镜子。你对着它笑，它也会对着你笑；你对着它哭，它也会对着你哭。

在生活中，我们难免遇到顺心的事和不幸的事。不论是在顺境中还是逆境中，我们都应该让自己充满信心，乐观向上，微笑面对生活中的一切。

俗话说："笑一笑，十年少，愁一愁，白了头。"因而我们应该以乐观积极的态度面对生活，不必为一些生活琐事而烦恼。其实，我们度过一天时，心情高兴，一天的时间会逝去，心情愁闷，一天的时间也会逝去，那么为何不高兴地度过每一天呢？

一个微笑面对生活的人，总能够看到事情较有利的一面，期待最有利的结果。它不会被困难吓倒，也很少有忧郁、悲观，它总是积极向上，无论在学校在未来的生活中都更容易成功。

史坦哈已经结婚18年多了，在这段时间里，从早上起来，到他要上班的时候，他很少对自己的太太微笑，或对她说上几句话。史坦哈觉得自己是百老汇最闷闷不乐的人。

后来，在史坦哈参加的继续教育培训班中，他被要求准备以微笑的经验发表一段谈话，他就决定亲自试一个星期看看。

现在，史坦哈要去上班的时候，就会对大楼的电梯管理员微笑着，说一声"早安"；他以微笑跟大楼门口的警卫打招呼；他对地铁的检票小姐微笑；当他站在交易所时，他对那些以前从没见过自己微笑的人微笑。

史坦哈很快就发现，每一个人也对他报以微笑。他以一种愉悦的态度，来对待那些满肚子牢骚的人。他一面听着他们的牢骚，一面微笑着，于是问题就容易解决了。史坦哈发现微笑带给自己更多的收入，每天都带来更多的钞票。

史坦哈跟另一位经纪人合用一间办公室，对方是个很讨人喜欢的年轻人。史坦哈告诉那位年轻人最近自己在微笑方面的体会和收获，并声称自己很为所得到的结果而高兴。那位年轻人承认说："当我最初跟您共用办公室的时候，我认为您是一个非常闷闷不乐的人。直到最近，我才改变看法：当您微笑的时候，充满了慈祥。"

一个懂得微笑的人，不仅事事都会顺利，还能赢得更好的人缘。人人都喜欢乐观积极的人，乐观积极的人一般朋友都比较多，朋友多了烦恼也少。好多人遇到挫折时，整天紧皱眉头、愁容满面，结果使自己逐渐消沉下去。如果你能换一种心态，用微笑面对困难，结果会大不一样。微笑是成功的起点；遇到烦恼时，微笑是思想上的解脱；心情舒畅时，微笑是愉悦的表现。

微笑像温暖的阳光能照亮所有看到它的人。当见到久别了的朋友，激动之情难于言表时，微笑便是表达感情的最好方式；当朋友陷于困境时，给他一个微笑，这是对他的最大鼓励；当相互之间产生误会时，给对方一个微笑，便是误会烟消云散的最好方法；当自己遇到挫折时，微笑面对困难，能使自己重新树立生活的信心。

困难并不可怕，可怕的是自己不敢面对；挫折也无所谓，就怕自己失去信心；坎坷也没什么大不了，只怕自己不敢尝试。一个充满智慧的人总是用真心的笑容，去迎接雨后的彩虹。

应邀访美的女作家在纽约街头遇见一位卖花的老太太。这位老太太的穿着相当破旧，身体看上去很虚弱，但脸上满是喜悦。女作家挑了一朵花说："你看起来很高兴。"

"为什么不呢？一切苦难都会过去的。"接着她像对待老朋友一样向女作家讲述了她不幸的一生。

她的丈夫在第二个孩子还没有出生时就去世了，之后她一人挑起了生活的重担。在二战中，又传来了她的两个儿子都阵亡的噩耗。

"你很能承担苦难。"老太太平静的叙述令女作家感到吃惊。

老太太的回答令女作家更为吃惊："耶稣在星期五被钉在十字架上的时候，那是全世界最糟糕的一天，可3天后就是复活节。所以，我想当我遇到不幸时，等待3天，一切也会恢复正常的。"

这个故事告诉我们，微笑面对生活的人总是愉快的。微笑能使人从生活中不断感到快乐、鼓舞，即使遇到不幸的事件，它也能从中发现有价值的东西，并且相信快乐将会来临。

微笑的人并非没有痛苦，只不过它善于把痛苦锤炼成诗行；微笑着的人并非没有眼泪，只不过它善于把眼泪化作灯盏，照耀着前行的道路；微笑具有热情和友善，具有欢乐和轻松，具有接纳和体贴，具有宽容和豁达。

人生的道路总是充满荆棘的。虽然人人都希望自己任何时候都一帆风顺，事事如意，可自然界中没有不凋谢的花朵，人世间没有不曲折的道路。"万事如意""心想事成"虽然是人们美丽的愿望，但是我们不可以因此沉沦于苦海之中，不要让挫折成为旅途中的绊脚石，我们要做一个微笑面对前程的强人。

生活中的烦恼就像灰尘一样存在于万物生灵之中，如果我们不及时清除掉，它就会污染我们的心灵，所以我们应该时时保持自我清洁，抹去心灵中的灰尘，笑对人生，微笑着走向生活。

微笑是强者对人生最完美的诠释，微笑是一种从容的人生态度。我们微笑着面对生活，生活也一定微笑着面对我们。

以微笑面对生活，对于人的身心健康有许多的益处，微笑给自己自信，从微笑中感受生活的阳光。如果你整天处在悲观之中，认为生活简直是痛苦的，同一个问题，乐观和悲观的人会作出相反的结论，产生相反的感受，关键是看你自己怎么想。

微笑面对生活并不是一件很难做到的事，只要你学会乐观地思考，乐观地思考就是换一个角度去考虑问题，以一种自己增长信心的方式考虑问题，这其实并不难，你应当从现在学会乐观地思考。做一个微笑面对生活的人，你自己的人生也会从此改观。

简单生活才能快乐起来

快乐，不过是一种愉悦的情绪，简简单单、轻轻松松，只要你用心发现，很快你便会有快乐的感觉。

有位作家曾说："我们的历史太长，权谋太深，兵法太多，黑箱太大，内幕太厚，口舌太贪，眼光太杂，预计太险。因此，对一切都'构思过度'。"其实，我们的生活何尝不是这样。许多时候，我们总是不知不觉中把原本很简单的事，过多地蒙上一层复杂的色彩，让我们不经意之间，把自己送到一个迷茫而困惑的境地。

人生的旅途中总是充满诱惑，太多的美好的东西出现在我们的身边时，太多的欲望与奢望不停地驱使我们奔跑着追逐着。久而久之，我们的灵魂空间便充斥着太多虚幻的东西，占据着心灵的空间感觉压抑与负累。我们也在人生的道路上疲惫不堪。

这种疲惫的心理使我们有限的生命变得格外沉重，让生命失去欢乐的光彩，使生命的质量大打折扣。

事实上，这些心理负担完全是没有必要的，我们并不需要想那么多，想那么远，更没必要把自己变成一个不停运转的机器。我们只需要静下心来，让思维跟生活变得有条理、有顺序，简单与惬意的生活就会自主向我们走来。简单就是快乐，复杂令人烦恼。

有个富人虽然腰缠万贯，可他一点感觉不到快乐。怎样才能快乐呢？他已经厌倦了这里的生活，于是决定要去美丽而神秘的远方寻找快乐。富翁背着许多的金银珠宝出发了。

他就这样背着他沉重的包袱上路了，可是他发现自己走得越远越烦躁，根本没有所谓的快乐。走遍了千山万水，他累得气喘吁吁，也没心思观赏野外的风景，更没心思体会闲云野鹤的悠闲自在了。

一天，一位衣衫褴褛的农夫唱着山歌从对面走过来。富人忍不住问农夫："你看起来很快乐，是吗？"

"呵呵！是的，我觉得很快活！我刚从田地里回来，我的秧苗又长高了一截；在路上，我又幸运地捡到一些柴火和蘑菇！"

我什么都不缺，你看我背上有这么多财富，可是我就是感觉不到快乐，你能告诉我快乐的秘诀吗？"富人问。

农夫憨厚地笑笑说："哪有什么秘诀啊。只要你把背负的东西放下就可以了。"

富人突然明白了——自己背着这么沉重的金银珠宝，腰都快要压弯了，而且一路上总担心被抢，带着太重不方便，丢下又不舍得。成天忧心忡忡、惊魂不定，怎么能快乐得起来呢？

如果富人只带足够的银两，把心思单纯地放在欣赏自然风光上，或者把金银珠宝分发给穷人，他肯定会快乐！他会因为没有了沉重的包袱而快乐，会因为给予别人帮助而快乐。

快乐的秘诀就是简单，简单生活才能快乐起来。如果一个人的生活，总是纠缠于名利之间，那样的生活想简单也不可能。名利的欲望有时是没有止境的，所以人总在某些时候，让自己那颗灵魂一路负重而行，不曾真实地给自己一次放松或者一次憩息。

好多人往往会陷入一个生活误区，总以为，事业有成，名利双收，就是快乐。而事实上，人心是永远不会满足的，名利是永远没有极限的，你越是追逐名利，快乐会离你越来越远。所谓知足常乐，在一个人有限的生命里，凭着自己的全部能力去努力做一件事，成则快乐，败也坦然，又何必去强求那些做不到的事呢？

有一则著名的广告是这样说的：把简单的东西复杂化——太累，把复杂的东西简单化——贡献。世界比我们想象的要简单，不要总是人为地给它徒添累赘。简单做人，就是对这个世界、对自己最大的贡献。

　　在美国佛罗里达州桑福德市一个安静的小镇上，有一名厨师叫马克·鲍勃，他的烹饪水平一直不错，在一家叫好望角的餐厅做了两年的厨师。当厨师之余，他还热爱博彩，虽然他一直没有中过大奖。

　　2009 年 2 月，幸运之神眷顾了他，他居然中了数百万美元的大奖。在经济危机的情况下，他成了小镇最幸运的人。中奖的那个晚上，他在自己工作的餐厅请客。他亲自下厨，和大家一起庆祝自己的一夜暴富。

　　那个狂欢的晚上，所有人都尽心玩闹，只有饭店老板约翰有些难过，因为他得开始计划重新招聘一名厨师了，他想鲍勃肯定不会继续干这份工作了。

　　第二天，就在约翰拟好招聘广告之后，一个熟悉的身影出现了。鲍勃居然回来了。鲍勃不但回来了，而且风趣地说："我是厨师，你们休想把我丢进那些豪华会所。"

　　于是，鲍勃又吹着口哨开始了他的工作。很快，饭店里的食客渐多，当人们发现鲍勃依然在这里工作时，都很惊讶地向他挥手致意。

　　后来，他的做法引来了好事的记者。记者举着"大炮"闯进厨房问他："鲍勃先生，你完全不必继续在这里工作了，为什么还要继续呢？"

　　他一手端着盘子，一手拿着勺子对记者说："我从小就学习做菜，并在父母亲的反对之下坚持成为一名厨师，你大概知道我有多喜欢干这个了吧？而且，我在这里有像亲人一样的老板和同事，我们相处得非常快乐，他们让我人生的大部分时间都很快乐。我为什么要因为一笔意外之财而丢弃我热爱的事情呢？是的，我不能因为钱耽搁了我的快乐。"

　　世界上的真理永远都是朴素的、自然的、简单的。仔细研究一下现代成功人士的道路，就会发现，他们的共同点就是：简单行事且极具思想。

　　那些天真的孩子总是快乐的。为什么孩子总是快乐的？他们思想单纯，生活简单。对于一个喜欢零食的孩子来说，一座金山不如一包话梅能给他带来快乐；对于一个喜欢在野外玩的孩子来说，一团可以变幻出各种玩具的黏土胜过满屋子的高级玩具。所以孩子很容易快乐。

每个人都背着一个空行囊行走在人生的旅途上。一路上，他们会捡拾很多的东西——地位、权力、财富、友谊、爱情、责任、事业……

一路捡拾，行囊渐渐装满了，因为沉重，纯真的快乐也渐渐消失了，取而代之的是无尽的烦恼和忧愁。

很多人一生都在用不同的方式寻找快乐，然而，快乐总是与他们失之交臂。他们的出发点就是错误的，他们总以为快乐是多么复杂的事，这样一来快乐自然就没有了。快乐其实很简单，就在生活点滴之间，你可以从别人真诚的感谢中感到快乐，从亲友的关怀中感到快乐，从青山绿水中感到快乐，甚至你可以从他人的快乐中感到快乐，快乐就这么简单。

快乐来源于"简单生活"，简单生活是一种积极健康的生活态度。凡是乐观、豁达、坦然的人，无论什么时候，他们都能发掘生活中的乐趣。当一切能于自己的灵魂里注上简单，或许一个人想不快乐都不行，越简单越快乐。

幽默是化解烦恼的清凉剂

我们的生活离不开幽默，幽默不仅娱人悦己，还能给生活带来许多乐趣。

大众心理学家特鲁·赫伯说："幽默，它是一种最有趣、最有感染力、最具有普遍意义的传递艺术。所以，不管你是谁，都有一个共同的需要，把心智变成幽默来注入生活。"

在一项对英国妇女的调查中，有一个问题是：你理想中的男人应该具备什么？

大多数妇女的答案，不是金钱、名誉、地位、相貌，而是幽默和智慧。可见幽默的作用是多么举足轻重。

心理学家认为：幽默是人的个性、兴趣、能力、意志的一种综合体现。幽默是语言的调味品，有了它，什么话都可以让人觉得醇香扑鼻、隽秀甜美。幽默是引力强大的磁铁，有了它，便可以把一颗颗散乱的心吸引起来，让每个人的脸上绽开欢乐的笑容。

犹太人非常重视幽默的艺术。犹太人父母非常重视孩子幽默感的培养，他们自己总能保持幽默的姿态，并且不时地将其传递给孩子。

有一户犹太人家，家里一个8岁的女儿名叫奥利萨。一天，女儿在做家庭作业时，要父亲解释"气愤"和"哭笑不得"是什么意思。

父亲想了想，把女儿领到电话机旁，拿起电话，随便拨了个号码，叫女儿仔细听。"喂，"他对接电话的人说道，"我找杰克。"

"这儿没有叫杰克的，你打错了。"说完，对方就把电话挂了。父亲再次重播了这个号码，问："杰克在吗？"

"打错了！"对方吼道，"我刚对你说过这儿没有杰克。"说罢"砰"地挂了电话。"你瞧，"父亲解释道，"这就叫气愤。现在我让你看看什么是哭笑不得。"

他又一次拨了那个号码，当对方接起来时，他心平气和地说："我就是杰克，请问刚才是不是有人打电话找我呢？"

奥利萨的妈妈也很幽默。一次，她正在打扫卫生，一不留神，把身后的女儿碰倒了。女儿非常不高兴，把小嘴撅得老高。妈妈微笑着向女儿道歉说："对不起，我不是故意的，宝贝！"接着，妈妈说："要不，你也碰我一下，看能不能碰倒。"女儿的愤怒一扫而空，她被妈妈逗乐了，于是她拍拍身上的尘土，和妈妈一起打扫房间。

奥利萨在校车上，不小心重重地踩了男同学一脚。这个男孩不高兴。奥利萨对这个男孩说："对不起，要不你也踩我一脚吧！"男孩的怒气顿时跑到九霄云外去了。后来，他们还成了好朋友。

幽默总是能在关键时刻有效地化解烦恼和矛盾。懂得幽默的人总是能赢得他人的好感，拥有更多的朋友。除了诙谐的语言惹人发笑外，幽默的风趣胜于说教的干瘪，给人以亲近感。

一个善于运用幽默的人，他们一句富有哲理和智慧又充满幽默的话，总能给人如沐春风、如饮甘露的感觉。

相声和小品之所以能让观众忍俊不禁，其中最主要的因素，是恰到好处地运用了令人捧腹的幽默语言和滑稽动作。有人把幽默比作生活中的"调味素"，是有道理的。

林肯是美国历届总统中最富幽默感的人，被人誉为一代幽默大师。

有一天，林肯正要上床休息，有人打电话来请示他："税务主任刚刚去世，能否让我来接替税务主任的位置？"林肯当即回答说："如果殡仪馆同意的话，我个人不反对。"巧妙地拒绝了对方。

有一次在演讲时，有人递给他一张字条，上面只写了两个字："笨蛋。"他举着这张字条镇静地说："本总统收到过许多匿名信，全都是只有正文，不见署名，而刚才那位先生正好相反，他只署上了自己的名字，而忘了写内容。"

热爱生活、积极进取、信心十足的人总是充满幽默感的。有一年竞选"香港小姐"时，主持人问一位小姐："肖邦和希特勒，你愿意嫁给谁？"小姐说："我愿意嫁给希特勒。"举座皆惊。小姐柔声细语接着答道："如果我嫁给希特勒，肯定不会发生第二次世界大战。"全场掌声四起。幽默的回答和优雅的举止，使她摘取了"香港小姐"的桂冠。

幽默，像桥梁一样，使得人与人之间的距离变得更为亲近，使人与人之间的鸿沟得到弥补。依靠幽默的力量，能够润滑人际关系，减轻人生的压力，化解生活和工作中的难题。

幽默大师林语堂说："幽默的人生观是积极向上超脱练达的人生观；幽默的胸怀是宽如大海容纳百川的胸怀；幽默的气度是高瞻远瞩俯瞰众生的气度；幽默的智慧，则是一种众人皆醉我独醒的智慧。"大千世界，芸芸众生，我们每个人站在自己人生的大舞台上，每一天每一时都有可能遇到令人尴尬的事，而幽默的人却能善用幽默的力量将它轻松化解。

甘罗是战国时代秦国著名大臣甘茂之孙，他从小聪明过人，是著名的少年政治家。有一天，甘罗见做宰相的爷爷甘茂在后花园走来走去，不停地唉声叹气。甘罗问爷爷遇到什么难事了，爷爷说："大王不知听了谁的挑唆，硬要吃公鸡下的蛋，命令满朝文武去找，要是3天内找不到，大家都得受罚。""秦王太不讲理了。"甘罗生气地说。不过他眼睛一眨想了个主意。

第二天早上，甘罗替爷爷上朝，向秦王施礼。秦王不高兴地说："小孩子到这里搞什么鬼，你爷爷呢？"甘罗说："我爷爷在家生孩子呢。"秦王哈哈大笑，说："你这孩子，怎么胡言乱语，男人哪能生孩子？"甘罗说："既然大王知道男人不能生孩子，那公鸡怎么能下蛋呢？"秦王听了一时无语，公鸡下蛋的事就这样被甘罗在笑声中处理掉了。

甘罗的幽默不仅博得秦王的青睐，使得秦王开怀大笑，同时帮爷爷解决了一大难题。

现实生活中，许多人都善于运用幽默的语言来化解矛盾，消除敌对情绪。他们把幽默作为一种无形的保护阀，使自己在面对尴尬的场面时，能免受紧张、不安、恐惧、烦恼的侵害。幽默的语言可以解除困窘，营造出融洽的气氛。

善于理解幽默的人，容易喜欢别人；善于表达幽默的人，容易被他人喜欢。幽默的人易与人保持和睦的关系。

幽默不仅可以使紧张的情绪变得松弛自然，也可以自我解嘲。生活中，我们不乏令人碰得头破血流仍然得不到解决的问题，这时，如果来点幽默，事情往往会迎刃而解。

幽默就具有如此神奇的力量，能给你带来很多意想不到的好处。幽默不仅能使你成为一个受欢迎的人，使别人乐意与你接触，愿意与你共事，它还是你工作的润滑剂，促使你更好更快乐地完成工作。这往往是采用别的方法所不能达到的，也是成本最低的一种方法。

如果你能够恰如其分地把你的聪明机智运用到智慧的幽默中来，使别人和自己都享受快乐，那么，你就会得到更多人喜欢你、钦佩你，会获得更多支持和关心你的朋友。

在日常生活和工作中，如果我们懂得运用幽默，它会给我们平凡枯燥的生活增添许多欢乐。

快乐一直就在身边

快乐就在你身边，只要你细心就能发现快乐，做一个真正快乐的人。

生活中，许多人总是被生活琐事搅得头昏脑涨，有时甚至会拍桌子，掀凳子。假如你有这种情绪，就让它在最短的时间内消失，尽快忘掉烦恼，使自己快乐起来。

无论在什么时候，在什么环境下，都要努力去做一个快乐的人。生活中的快乐是有很多的，时时刻刻都有，分分秒秒都围绕着你。如果你老是抱着一种抵触的情绪，你永远也是发现不了快乐的。所以我们应该主动寻找快乐而不是去抵触。

其实，生活中，很多其他的事物总能引发我们的快乐，例如一幅美丽的画，一朵鲜花，哪怕一个微笑，都能尽量扫去我们内心的阴霾。发现生活中的美，就能发现生活中的快乐，没有条件，创造条件我们也要去发现。

塔尔1992年进入哈佛大学求学，一开始主修计算机科学，他成绩优异，擅长体育运动——壁球打得不错，社交也游刃有余，一切都很顺利，除了一点，他不快乐，而且他搞不懂为什么不快乐。大二期间，他突然顿悟，决定找出原因，变得快乐，于是将自己的研究方向转向了哲学及心理系，目标只有一个，如何变得更快乐。

我们来到这个世界上，到底追求什么才是最重要的？塔尔坚持认为，幸福感是衡量人生的唯一标准，是所有目标的最终目标。他说，人们衡量商业成就时，标准是钱。用钱去评估资产和债务、利润和亏损，所有与钱无关的，都不会被考虑，金钱是最高财富。

塔尔比喻道，人生与商业一样，也有盈利和亏损。可以把负面情绪当支出，把正面情绪当收入。当正面情绪多于负面情绪时，我们在幸福这一"至高财富"上就盈利了。

"所以，幸福应该是快乐与意义的结合，一个幸福的人，必须有一个明确的、可以带来快乐和意义的目标，然后努力地去追求。真正快乐的人，会在自己觉得有意义的生活方式里，享受它的点点滴滴。"

快乐是产生幸福的源泉，然而好多人并不快乐，因此也就与幸福失之交臂，他们的灵魂都处于焦虑状态，每个人都在寻求快乐的真谛，金钱和权力并不能填补这个巨大空白。

随着科技的发展，不知不觉间，现代社会的人们焦虑的氤氲开始蔓延，很多人开始逃遁，寻找新生活，也有很多人硬扛着。自感不快乐、不幸福的人越来越多，几乎每个人都处于不安全感、无归属感的忐忑中。到底是什么原因，开始让众人感觉不快乐呢？

德国哲学家康德说："快乐是我们的需求得到了满足。"的确，快乐是一种美好的状况，也就是没有不好或痛苦的事情存在，你觉得个人及周围的世界都挺不错。那么，我们该如何才能获得它呢？

主动追求快乐

追求快乐，我们必须认识到快乐就在我们身边。假如你觉得快乐远在天边，你就会丧失追求快乐的勇气。快乐虽然离我们不远，但它不会主动来到你身边，你得主动寻觅、努力追求，才能得到。当你领悟出自己不能呆坐在那儿等候快乐降临的时候，你就已经在追求快乐的路途上跨出了一大步了。

敢于迎接新的挑战

好多人不快乐，其中一个重要原因就是生活领域太狭窄，生命格局打不开。当你肯尝试新的活动，接受新的挑战的时候，你会因为拓展新的生活领域而惊喜不已。

学习新的技术、开拓新的途径，都可以使人获得新的满足。可惜许多人往往忽略了这一点，平白丧失了使自己发挥潜能、获取快乐的良机。我们每个人都应该抓住时机，以稳当的方法去开拓生命的空间。

快乐的途径是多样的

西方有句谚语：条条大道通罗马。追求快乐的途径也不只有一条，人们的思想是多元化的，追求快乐的途径也是多元化的。好多人往往以为自己这一生只能成功地扮演一个角色，甚至以为如果不能得到或办到这一点，自己就永远不会快乐，这种想法未免太狭窄了。不能达成目标固然痛苦，可是这并不表示你从此就与快乐绝缘了，除非你自己要这样想。

对事物不要抱着钻牛角尖的态度，不要冥顽不灵，记住任何最好的事物都不一定只有一个。当然这并不是要你放弃实际、可行、梦寐以求的目标，而是鼓励你全力以赴，使梦想实现。

让梦想与希望带来快乐

爱尔兰剧作家萧伯纳曾经说："一般人只看到已经发生的事情而说为什么如此呢？我却梦想从未有过的事物，并问自己为什么不能呢？"年轻人朝气蓬勃，激情四射，不仅要有梦想、有希望，更要敢于追求梦想，因为奋斗的过程和达成目标一样，都能使人产生无比的快乐。你要有勇气梦想自己能成为一位名医、明星、杰出的科学家或作家等，而且要全力以赴，奔向理想。

当然你的梦想不要脱离现实，脱离现实就是空想了，不要好高骛远，空做摘星美梦。比如你天生一副乌鸦嗓子，就别梦想变成画眉鸟。只要努力就有收获，过程才是最重要的，即使达不到目标也不要因此灰心丧气。布朗宁曾说："啊！如果凡人所梦想的都唾手可得，那还要有天堂干吗？！"

细心才能发现快乐

快乐就在我们身边，假如你对某些人、事、物很关心的话，你一定会发现很多快乐的事物，你对生命的看法一定会大大的改观。如果你的眼里只有自己，对周围的事物视若无睹，你的生命一定会变得很狭隘，处处受到局限。自我中心的人也许会不断地进步，但是却永远不易感到满足。

心理学家艾力逊曾经说过："只顾自己的人结果会变成自己的奴隶！"只注重自己的人永远不会快乐，永远生活在烦恼之中。而关怀别人的人，不但能对社会有所贡献，更可以避免只顾自己，而过着枯燥乏味、毫无情趣的生活。

乐观助你驱除烦躁的阴霾

乐观就是一种积极的人生态度，是以愉悦的心态去生活。

俗话说："天有不测风云。"天气是变化无常的，这是自然界的规律。因此，我们每天都会看天气预报，为的是第二天能够知道穿衣的厚薄，要不要带雨伞。只有提前做好充分准备，才能随机应对天气变化，保证身心的健康。

我们的人生也是如此，人生总是充满"旦夕祸福"的。可能你今天还在单位拿着丰厚的薪水，明天你就要黯然离去；昨天你还在享受着爱情的甜蜜，今天你就要承担情断义绝的痛苦。人生不如意十之八九，关键是你面对各种痛苦、各种磨难时的态度。有什么样的态度就会有什么样的人生。

成功学大师卡耐基认为，如果你的思想乐观，你的生活必然充满欢乐；如果你心存悲观，你就会认为事事悲惨；如果你觉得恐惧，就会感到鬼魅在你身旁；如果你老觉得身体不舒服，那你很快就会得病；如果你认为事情不能成功，最后你必然招致失败；如果你陷于自怜状态，你必定会被亲友所疏离。

人生的幸福、快乐与否，往往并不完全取决于现实世界中得到了什么又失去了什么，在一定程度上，幸福与快乐取决于我们对世界的看法，也就是对问题的看法。

美国有个年轻人，他总是面带微笑。有人以为他肯定整天都没有愁事，他说，怎么会没有呢？只不过我哭，我也得活；我笑，我也得活，为什么不笑着活而非要哭着活呢？在困难面前，单靠泪水是解决不了问题的，困难并不会因为你的悲观消沉而有丝毫的减少。相反，如果你坦然地面对它，并努力地去克服它，那么，你一定就能够越过前面的屏障，顺利地继续向前。无数成功的人都有一个共同的品质，那就是他们都很乐观。

具有乐观精神的人，在人生的道路上更容易左右逢源。一个人只有保持乐观的心态，在生活中，才能摆正目光的焦点，才会有完整的自我、积极的创造，才会有良好的人脉。为了培养乐观的心态，要克服悲观心理，打破消极念头，精力充沛地去生活，去面对未来。

在美国纽约有一位无人不晓的百万富翁。他每天都会驱车穿过纽约市中心公园。

百万富翁注意到：每天上午都有位衣着破烂的人坐在公园的凳子上死死地盯

着他住的旅馆。一天，百万富翁对此发生了极大的兴趣，他要求司机停下车并径直走到那人的面前说："请原谅，我真不明白你为什么每天上午都盯着我住的旅馆看。"

"先生，"这人答道，"我没钱、没家、没住宅，我只得睡在这长凳上。不过，每天晚上我都梦到住进了那家旅馆。"

百万富翁灵机一动，洋洋自得地说："今晚你一定如梦以偿。我将为你在旅馆租一间最好的房间并付一个月房费。"

几天后，百万富翁路过这人的房间，想打听一下他是否对此感到满意。然而，他出人意料地发现这人已搬出了旅馆，重新回到了公园的凳子上。

当百万富翁问这人为什么要这样做时，他答道："一旦我睡在凳子上，我就梦见我睡在那家豪华的旅馆，真是妙不可言；一旦我睡在旅馆里，我就梦见我又回到了冷冰冰的凳子上，这梦真是可怕极了，以致完全影响了我的睡眠！"

在很多的时候，我们处在什么环境中并不重要，最重要的是：要保持良好的心态。乐观就是一种优良的心态。良好的心态能帮助我们驱走烦恼的阴云。心理学家马丁·赛格曼创造了"乐观成功论"，他认为具有乐观精神的人，更容易获得成功。他曾对某公司新招收的 5000 名推销员进行乐观心态的测试。有几位员工在公司的常规知识测试中不及格，而在乐观素质测试中得了最高分。他称这几位是"超级乐观者"。经跟踪调查，他们在第一年的推销量比那些"悲观者"多 20%，第二年竟高出 57%。自这以后，该公司即将"赛氏测试"作为招聘新员工的主要测试手段。

具有乐观精神的人一般都有很好的创造力。乐观是对自我的积极肯定，是紧紧地抓住现在。我们要让昨天所有的悲伤、忧愁化为云烟，只留下经验教训做今天快乐的基石；要把对明日的忧心忡忡全部拒之门外，只让美好的向往为今日的快乐增添色彩。一个人只有保持乐观的心态，他才会有完整的自我、积极的创造，才会有青春的永葆、魅力的永恒。

一个乐观的失败者永远比一个悲观的成功者更有前途。乐观是无价的，情绪好的败将就有机会东山再起，而能推动他人前进，但无法调动起自己积极情绪的人，显然不值得效法。

在沉重的打击面前，需要有处事不惊的乐观心态，这样就能战胜沮丧，化坎坷崎岖为康庄大道。你可能一时丢掉了原本属于你的东西，或是毁了一次机会，但是，在精神上绝不能消沉。冷静而达观，愉快而坦然，是成功的催化剂，是另辟蹊径、迎接胜利的法宝。

一个成绩非常优秀的女孩儿，在她上大学的时候患了鼻咽癌，她被迫休学了两年。家里为了给她治病，到了倾家荡产的地步。在电视台做节目的时候，女孩儿的父母泣不成声，但是，女孩儿始终保持着阳光般灿烂的笑容。

第二次看那个女孩儿上节目，已经是她复学后了。当时还有了一个深爱她的男友，两个人还手牵手在节目中合唱了一曲《勇气》。本来是一个漂漂亮亮的女孩儿，就因得了病，她一直都不敢接受男生的关心和好感。说起这些的时候，她的妈妈又哭成了泪人，但是，这个女孩儿始终都在笑着述说自己的故事。她的笑容给人们留下了深刻的印象，这么乐观的女孩儿，她一定会拥有无比美好的人生！

后来，这个女孩儿大学毕业，正在找工作，她曾经深爱的男友终于敌不过父母的阻挠离她而去了。她的父母在哭，主持人在哭，现场所有的观众都在哭，但是那个女孩儿仍然乐观地笑着。

这位女孩儿的遭遇够不幸的，然而她依然保持一份乐观的精神。正是这种乐观的精神才驱赶了她对不幸的阴霾，使她的生命充满阳光。这份乐观来自她对生活的信念，对父母的责任，她感动了所有的人，但是她留给人们最深的印象并不是她有多不幸、有多可怜，而是她有多坚强、有多美丽、有多可爱、有多值得尊敬。那么大的悲哀，那么深的不幸，她都挺过来了，她都能够笑对人生，今后还有什么样的困难是她克服不了的呢？

一个具有乐观精神的人，未必是做得最好的一个，但一定是坚持时间最长的一个，收获最多的一个。一个人要能自在自如地生活，心中就需要多一份坦然。笑对人生的人，比起在曲折前悲悲戚戚的人，拥有更灿烂的人生。

给自己的心情放个假

无论是好心情还是坏心情都是自己给的。给自己的心情放个假，你会活得更快乐。

一般来讲，一个人好的心情不多，坏的心情却不少。我们要时刻照顾好自己的心情，学会给心情放个假，否则它就会像头发分叉一样令你忧虑。

心情原本并不是一件多么复杂的事。心情好比一张白纸，写上什么是什么，一如我们的脸，心情无时无刻不镌刻在上面。泪水是你的心情，微笑也是你的心情。最难得的是保持一种轻松随性的心情，就如我们孩提时，那一种最贴切、最自然的心怀。

最令人劳累的也是自己的心情，尤其是遇到挫折，遭受打击时，更要呵护好自己的心情。

杰克10岁时，他父亲因一场车祸失去了一条腿。在医院里，杰克哭得死去活来，然而，他的父亲并没有那么悲观。相反，父亲对他笑着说："哭什么？这一来不是更好吗？以后你只要擦一只皮鞋就够了。"父亲面对灾难竟如此坦然。

从那一天起，杰克从一个人身上发现：即使天塌下来，也可以把它当成被子盖。这个人就是他父亲。杰克长大后，经过几年的艰苦创业，终于成为一个不算很出色却十分成功的商人。在人生的道路上，杰克无论遇到什么苦难，他都不再忧心忡忡，甚至痛哭流涕，他总是轻轻松松地坦然面对。

在杰克的父亲60岁生日时，他手捧一只破旧但干净的皮鞋，对父亲说："这是我珍藏多年的无价之宝，爸爸，我谢谢您！"

父亲看到20年前的那只皮鞋，老泪纵横，语重心长地说："孩儿啊，我没有白丢一条腿，值得啊！"

杰克的父亲面对失去一条腿的悲惨命运依然能轻松幽默地鼓舞自己的儿子。一个失去一条腿的人都能够如释重负地生活，而好多人却活在糟糕的心情里。心情就在我们身边，只是，我们活得太实际、太较真了，总想把世界抓得牢牢的。结果，无形中给自己背上了烦恼的包袱。

有了好心情，烦恼就会离你而去，你的生活必然是快乐幸福的，我们应该适时给自己留一些心情，腾出点心情给自己。学会给心情放假，哪怕只那么一小会儿。让心情从一日三餐、洗衣买菜的辛劳中逃开，让心情从工作的繁冗、待遇的高低中跳出。

想想看，脱去世俗烦扰的人，拥有一份好心情，美丽的日子就会离我们越来越近。

在一个小村庄里有一口枯井。一天，一户人家的驴子不小心掉进了这口枯井里，它的主人不论如何努力，就是不能把驴子弄出井口，驴子在井底痛苦地哀嚎。

最后，这位主人决定将井中的驴子埋了，以免驴子痛苦。

当主人铲土打到驴子身上时，一件令人吃惊的事情发生了：当铲进井里的泥土落在驴子的背部时，驴子的反应令人称奇——它将泥土抖落在一旁，然后站到泥土堆上面！

就这样，驴子每次都将大家铲在身上的泥土悉数抖落在井底，然后再站上去，它不但没有被土活埋，反而离井口越来越近。

很快，这头驴子便得意地上升到井口，然后在众人惊讶的表情中快速地跑开了。

现代人在物质文化丰裕的同时，有了许多忧愁和烦恼。工作的压力，生活的烦恼就如这只掉到枯井的驴子身上的泥土，你只要轻松抖掉身上的泥土，你就会离井口越来越近。

琐碎的生活，喧哗的诱惑，还有永远都干不完的工作，谁都不容易，谁都在逼仄的独木桥上挤占那么一点空间，并且磕磕碰碰。心跳越来越快，脚步越来越快，闲情越来越少，压力越来越多。何妨给心情放一个假，活得轻松一点呢。

欣赏自然，让紧绷的神经松弛

在忙碌的生活中，难免会产生这样那样的烦恼。这时，你可以看看窗外的自然风景，那些花草树木，历经千百年风雨的洗礼，知道如何应对自然的变化。冰天雪地来临的时候，蜕去它所有华丽的服饰，赤裸裸挺立，经受严冬的考验，在默默的守候中积淀着充足的养分。来年春暖花开之际便会枝繁叶茂，向大自然尽情展示它无穷的魅力。暴雨烈日，它撑开伞，责无旁贷地提供给那些需要它遮风挡雨的人。

只有如此宽广的胸襟，你才能久远地观望这世界；也因了这种闲适豁达的心怀，才能令人尊敬。学会用欣赏的眼光去看世界，用阅纳的心情去包容一切，让自己的心情多一分宽容，自己便也会变得淡定，变得从容。

坦率真诚，脱掉虚伪的面具

虚伪、做作是烦恼的一大根源，抛弃你的不快、你的忧伤、你的烦恼、你的顾虑、你的失落，你才会变得轻松快乐。坦率一点，真诚一点，不必伪装自己，勇敢地表现真实的自己。

也可以约几个朋友到野外散步，投入大自然的怀抱，爬爬山，侃侃大山，忘掉所有的不快，把所有的不如意，统统扔到九霄云外。让心情因轻风的抚慰而轻松，敞开了心胸，无所顾忌地想说什么就说什么。这样心情就会变得舒坦，精神也会变得抖擞。

四处瞧瞧，多一些情趣和热爱

人生的道路上迷人的风景并不少，只是我们总是行色匆匆，无暇顾及。给自己的心情放假，在闲暇的时候，我们也不妨四处瞧瞧，也让我们对生活多一些情趣和热爱。

比如，可以在繁忙紧张的工作之余，泡一杯清茶，放松你的心情，听听轻音乐，让欢快的曲调给你的心灵一次彻底的洗涤，让轻柔的节奏给你的灵魂一次全面的按摩。或者随手拿本自己喜爱的书籍、杂志，随心所欲地翻看，看到哪儿算到哪儿。这样你的心情就自然放松了。

如果我们老是背负沉重的包袱前行，用受累的迷茫的眼光去看世界，我们自然不会领略生命的快乐，让我们变得坦然一些，活得轻松一些，我们自然就会烦恼少一些，快乐多一些。

人生苦短，能够拥有放松、简单、快乐的心情，实属人生之幸。生而为人，在抑郁沉闷的时候，在疲惫困顿的时候，若能拒压力于思维之外，拒压力于心灵之外，适时地给心情放假，便可以摒弃生命中的嘈杂，让人生的道路充满阳光和自由。

笑对生活，生活就是一片蓝天

微笑就标志着自信、雅量和大度，这是一种胸怀，一种境界。微笑着面对生活的人，失去的只是自己的烦恼，赢得的则是一片光明。

雨果说："微笑就是阳光，它能消除人们脸上的冬色。"人生就像长跑，不可能会一帆风顺，总会遇到失败和挫折。无论是成功还是失败，都是人生路上一道亮丽的风景线。只要你用微笑来面对生活，那么，生活就是一片蓝天。

微笑是心灵交融的火花，无论你是处于拥有掌声和鲜花还是处于情绪低落，无论你是受风雨侵袭还是享受阳光的照耀，我们都应用生命中的那份微笑去洗刷生活中的尘埃。

百货店里，有个穷苦的妇人，带着一个约4岁的男孩在转圈子。走到一架快照摄影机旁，孩子拉着妈妈的手说："妈妈，让我照一张相吧。"妈妈弯下腰，把孩子额前的头发拢在一旁，很慈祥地说："不要照了，你的衣服太旧了。"孩子沉默了片刻，抬起头来说："可是，妈妈，我仍会面带微笑的。"

虽然，孩子的衣服太旧了，但孩子乐观的心灵是崭新的，孩子那发自内心的微笑会生根发芽的，就像雨后的彩虹，霞光四射，美丽迷人。

在我们的世界乃至在我们的身边都会有许多人在面对困难时不畏惧不退缩，敢于挑战，最终成为一位成功的人士。如世界著名音乐家贝多芬，还有海伦·凯勒、张海迪等这些名人。

用乐观的心态走出阴霾，用健康的心态去面对现实生活中的挑战。能拥有一个良好的心态，用微笑去面对明天。走出低谷你将会拥有信心和勇气，暴风雨过后才能看见彩虹。

身处逆境却用心笑一笑，你就又打开了一扇心灵的窗口。给别人一个真诚的微笑，即使这微笑只是一点真情的流露，也会像一缕金色的阳光照亮他人的心灵。懂得微笑，也就是懂得生活的真谛。珍惜微笑，也就收获了愉快的甜蜜。

杰克在一家汽车公司上班。很不幸，一次机器故障导致他的右眼被击伤，抢救后还是没有保住。后来他的左眼球也出现了问题。

杰克能见到光明的日子已经不多了，妻子艾丽丝想为丈夫留下点什么。她请来了一个油漆匠，把家具和墙壁粉刷一遍，让杰克的心中永远有一个新家。

油漆匠工作很认真，一边干活还一边吹着口哨。干了一个星期，终于把所有的家具和墙壁刷好了，他也知道了杰克的情况。

油漆匠对杰克说："对不起，我干得很慢。"

杰克说："你天天那么开心，我也为此感到高兴。"

算工钱的时候，油漆匠少算了100元。

艾丽丝和杰克说："你少算了工钱。"

油漆匠说："我已经多拿了，一个等待失明的人还那么平静，你告诉了我什么叫勇气。"

　　但杰克却坚持要多给油漆匠 100 元，杰克说："我也知道了，原来残疾人也可以自食其力使生活变得很快乐。"

　　油漆匠只有一只手。

　　一个残疾人都可以自食其力使生活变得很快乐，因此我们不必抱怨前进的路途上有太多的曲折。人常说：不经一番风霜苦，怎得梅花扑鼻香。人生如果平平淡淡度日，生命也就失去了其存在的魅力。

　　人生不如意事十之八九，当改变不了他人的时候，那你就改变自己。何不让自己过得快乐一点，再快乐一点呢。人生就当如此，微笑地去面对生活，你会发现生活依然是那样的美好。

　　一个漆黑夜晚的海面上，发生了一起船只相撞事件。

　　弗朗哥·马金纳从下沉的船身中被抛了出来，他在黑色的波浪中挣扎着。当沉浸在黑暗与恐惧中时，他听到了一阵优美的歌声。那是一个女人的声音，歌曲丝毫没有走调，而且也不带一点哆嗦。那歌唱者简直像面对着客厅里众多的来宾在进行表演一样。

　　马金纳循着歌声，朝那个方向游去。靠近一看，那儿浮着一根很大的圆木头，几个女人正抱住它，唱歌的人就在其中，她是个很年轻的姑娘。大浪劈头盖脸地打下来，她却仍然镇定自若地唱着。在等待救生船到来的时候，为了让其他妇女不丧失力气，为了使她们不致因寒冷和失神而放开那根圆木头，她用自己的歌声给她们增添着精神和力量。

　　就像马金纳借助姑娘的歌声游靠过去一样，一艘小艇也以那优美的歌声为导航，终于穿过黑暗驶了过来。于是，很多人得救了。

即使身处困境也不要颓废消沉，而应该乐观起来，这样困难就不会笼罩自己的心灵。人生在世，遇到挫折打击是不可避免的，关键在于将失败变成成功的垫脚石。有了这样的理念和心态，我们就能够直面挫折，从困境中走出来。

生活中，因工作或生活的压力，好多人总是抱怨人生有太多的磨难，太多的曲折。大海如果缺少了巨浪的翻滚，就会失去其壮观；生活如果是一条直线般地风顺，就会失去其自身的魅力。人生五味俱全，酸甜苦辣咸难免。当你艰难地爬过困难的高山时，你回头再看，风景无限壮观。

人生难免遇到挫折，挫折很容易使我们烦躁不安，甚至痛苦不堪。然而，挫折又是一种挑战和考验，也能使人奋起成熟，从中得到锻炼。英国哲学家培根曾说："超越自我的奇迹多是在对逆境的征服中出现的。"

塞万提斯曾说："丧失财富的人损失很大；可是丧失勇气的人，便什么都完了。"任何事物都具有两面性，挫折也不例外，挫折有消极的一面，也有积极的一面。人们常说："上帝关了你眼前的门，必定会替你开启一扇窗。"把每一次成功都想象成一种幸运，把每一次失败都视作一次尝试。黎明前的天空总是朦胧的，失败后能重新站起来才是一种勇气。微笑面对逆境中的自己，坚定信念，绝不言败，用微笑与自信为挫折写下句号。

不管我们处在什么环境中，不管我们的生活多么不如意，我们都应该及时地调整自己的心态，微笑着面对生活。

让内心安静一点，抱怨不如改变

一个人如果总是怨这怨那，他的烦恼会越来越多。生活本来就是多面的，你如果总是盯着痛处抱怨不止，你就无法享受生活，是抱怨遮住你发现幸福与快乐的眼睛。试想一下，生活中即便遇到不顺心的事，抱怨就能解决问题吗？无论你多么愤怒，问题都不会因你的抱怨而减一毫一分。抱怨不仅解决不了问题，还会让你钻牛角尖，走进思想的死胡同。因此，与其抱怨不如调整心态积极面对，进而努力改变。

别让抱怨遮住了发现幸福的眼睛

与其整天抱怨，不如把心放宽一点，自然一点，洒脱一点。

成功学大师卡耐基有句名言："任何愚蠢的人都能批评、谴责和抱怨别人，但宽容与理解却需要修养与自控。"

抱怨耗费人的精神，抱怨是没有任何益处的。然而，生活中好多人每天都生活在抱怨的世界里，他们的抱怨不仅会针对人，也会针对不同的生活情境，表示他们的不满。生活中总有不顺心的事，例如被糟糕的交通困住，被恶劣的天气所困扰等等。有时我们还不断地抱怨我们自己。比如时间不够啊，钱不够花啊，不够聪明不够冷静啊，反正什么看上去都不够好。

我们抱怨生活的现状，但是抱怨能够改变现状吗？

有这样一个故事。有一个年轻的农夫，划着小船，给另一个村子的居民运送自家的农产品。那天的天气酷热难耐，农夫汗流浃背，苦不堪言。他心急火燎地划着小船，希望赶紧完成运送任务，以便在天黑之前能返回家中。突然，农夫发现，前面另外一只小船，沿河而下，迎面向自己快速驶来。眼见着两只船就要撞上了，但那只船并没有丝毫避让的意思，似乎有意要撞翻农夫的小船。

"让开，快点让开！你这个白痴！"农夫大声地向对面的船吼叫道，"再不让开你就要撞上我了！"但农夫的吼叫完全没用，尽管农夫手忙脚乱地企图让开水道，但为时已晚，那只船还是重重地撞上了他。农夫被激怒了，他厉声斥责道："你会不会驾船，这么宽的河面，你竟然撞到了我的船上？！"当农夫怒目审视对方小船时，他吃惊地发现，小船上空无一人。听他大呼小叫，厉言斥骂的只是一只挣脱了绳索、顺河漂流的空船。

在好多情况下，当你责骂、愤怒的时候，你抱怨的对象不过是一艘空船而已。那个一再惹怒你的人，决不会因为你的斥责而改变他的航向。

抱怨对方固然不可取，同样，你也没有必要去讨好对方。但你一定要明白，不能让对方制造的麻烦转变成你的烦恼。如果你因为抱怨而陷入无尽的烦闷悲伤之中，你就成了唯一的一个受到伤害的人，而且是你自己在伤害自己。

现代社会，生活节奏越来越快，人们的压力也越来越大。好多人总是抱怨自己的工作，几乎在每一个企业里，都有"牢骚族"或"抱怨族"。

小王大学毕业后，进了一家钢铁厂工作。很难想象，一个名牌大学的毕业生竟然做着这样的工作：每天就是扔掷铁条，反复地接到再用力扔出去。每天，他都要扔出去15吨重量的铁条。这项工作的乏味和辛苦可想而知。

当时，他痛苦而绝望。他忽然间变得极其沉默，他变得消极，变得极爱抱怨。渐渐的，他的朋友越来越少，谁也不愿意接近他。

不久，更糟的事情发生了。

有一天，他突然闹肚子，疼得直不起腰。被人送去医院检查后得知，他患了结肠癌。

得到消息后，他顿时觉得天昏地暗。没过多久，他就变得面黄肌瘦，还不间断地便血。

世界都是灰的，用他的话说。

后来，有一天，他一个人去了一望无际的戈壁滩，漫无目的地游荡。他时而狂奔，时而大吼，时而跪在地上，时而大声哭泣……最后，累了，躺倒在戈壁滩上，他最后看了看这个世界，想对世界告别。

一场暴雨过后，戈壁滩上的骆驼刺拼命地生长，野黄羊、野兔子也蹿了出来。除了他，到处都生机勃勃。忽然，他的目光落到了眼前的骆驼刺上。他没想到，在如此艰难的环境下，骆驼刺还能钻出来，倔强地生长！

他忽然间很感动，他像是被深深地感染了：抱怨消极都不如迎难而上，就像骆驼刺一样，就像野黄羊、野兔子一样！每一天都是自己的，每一天都要珍惜。于是，他变得积极而平和。

他给了自己重新生活的机会，也为自己迎来了幸福的机会。

不久，他的病症奇迹般地消失了！连医生们都难以置信，这真的不能不说是一种奇迹！

经历了这场生死，他完全改变了。那个沉默寡言的他不见了，那个总是抱怨生活的人不见了，那个不愿意和人交流的他不见了。他变得会用积极的眼光去看待世界，并积极地面对困难。渐渐的，他变得开朗、快乐。他的朋友也越来越多。最后，他还有了自己的事业，并且发展得红红火火。

俗话说："牢骚太盛防肠断。"这句话不是没有道理，民间俚语、成语中也有"愁断肠""愁肠百结"的说法。可以想象，一个爱抱怨的人心里难免装满了郁结、愤怒与怨恨，倘若整天淹没在这种心态中，岂能不得病。

其实，生活中要想抱怨太容易了。如婆媳关系不好，完全可以怪婆婆习，老不懂事；婆婆也可怨儿媳又懒又滑没孝心；事业不顺畅，怨领导不鼓励、恨同事不支持；实在没说的，还可以抱怨自己命不好，天生的受苦命。抱怨不仅原谅了自己的缺点不足，更损害自己的身心健康。

不让抱怨伤害自己，得学会与人为善、换位思考，遇事多为别人着想，看人看事多看正面、多看阳光之面；努力做一个心里充满阳光的人。

1972 年，新加坡旅游局给总理李光耀打了一份报告，大意是说，我们新加坡不像埃及有金字塔，不像中国有长城，不像日本有富士山，不像夏威夷有十几米高的海浪，我们除了一年四季直射的阳光，什么名胜古迹都没有，要发展旅游事业，实在是巧妇难为无米之炊。

李光耀看过报告，非常气愤。据说，他在报告上批了这么一行字：你想让上帝给我们多少东西？阳光，阳光就够了！

后来，新加坡利用那一年四季直射的阳光，种花植草，在很短的时间里，发展成为世界上著名的"花园城市"，连续多年，旅游收入位列亚洲第三。

你是否整天在抱怨，抱怨上帝对你不公，抱怨命运坎坷，抱怨房价过高，抱怨工资过少，抱怨晋升太慢。世界上没有绝对的公平，公平与不公平只是我们心中的一种感受而已。

一个充满抱怨的人，总是看到生活黑暗的一面，看不到光明的一面，这样的人是不可能有好心情的，是不会感到丝毫幸福的，其实幸福就在我们身边，抱怨遮住了我们发现幸福的眼睛。只要我们消除抱怨，幸福就在我们眼前。

不要让抱怨毁了你的生活

抱怨是无能的表现，喜欢抱怨的人生活必定是疲惫不堪的。要想轻松生活，就从不抱怨开始。

生活中有好多人深陷抱怨的泥潭，比如有人说，我的父母没有权势，不能给我更多的关系和好的工作，看人家谁谁谁，爸妈只要那么一疏通，就什么都有了；有人说，我学历低微又什么也不会，有好工作会给我做吗；有人说，我就是普通人一个呀，又能干什么呢？还不如就这么混日子呢！

其实，生活并没有我们想象的那么不公平，我们应该以积极的心态去面对。所有的抱怨都只是借口，是不敢面对现实，欺骗自己的表现。最终，心里充满抱怨的你还是庸人一个。不要抱怨这抱怨那，要多从自身找原因。

小彭和小李同在一家超市工作，开始两人薪水都一样。可是一段时间后，小彭青云直上，而小李却仍在原地踏步。

小李很不满意老板的不公正待遇。终于有一天，他到老板那儿发牢骚了。老板一边耐心地听着他的抱怨，一边在心里盘算着怎样向他解释清楚他和小彭之间的差别。

"小李，"老板说话了，"您去集市一趟，看看今天早上有什么卖的东西。"

小李从集市上回来向老板汇报说，今早集市上只有一个农民拉了一车土豆。

"有多少？"老板问。

小李赶快戴上帽子又跑到集市上，然后回来告诉老板说一共有40袋土豆。

"价格多少？"

　　小李第三次跑到集市上问来了价格。

　　"好吧。"老板对他说，"现在你坐在椅子上别说话，看看别人怎么说。"

　　小彭很快就从集市上回来了，向老板汇报说，到现在为止只有一个农民在卖土豆，一共40袋，价格是多少；土豆质量不错，他带回来一个让老板看看。这个农民一个钟头以后还会运来几箱西红柿，据他看价格非常公道。昨天他们铺子的西红柿卖得很快，库存已经不多了。他想这么便宜的西红柿老板肯定会要进一些的，所以他不仅带回一个西红柿做样品，而且把那个农民也带来了，他现在正在外面等回话呢。

　　此时老板转向小李，说："现在你知道为什么小彭的薪水比你高了吧？"

　　这个故事告诉我们，好多时候并不是命运对我们不公，而是我们自己做得不够好。

　　好多人从不反思自己，遇到一丁点儿不如意的事，就抱怨个不停。好像整个世界，都抛弃了他似的。其实，抱怨是一个人无能的表现。抱怨就像是一个被针头扎破的气球一样，只让别人和自己泄气，抱怨是没有意义的。

　　在实际生活中，抱怨是有百害而无一利的。你抱怨，就等于往你自己的鞋子里掺沙子，只会使你行路更加艰难，阻碍你前进的步伐。

　　抱怨，实在是一件随时都会发生的事情。早上起床晚了，抱怨的人会想"唉！又要扣工资了"，不抱怨的人会想"是不是我太累了，是该找时间好好休息一下了"；路上走路，与别人撞了一下，抱怨的人会想"没长眼睛啊"，而不抱怨的人可能根本就没意识到，最多会想"他也不是故意的"；到了公司，有个同事对面走过连个招呼也没打，抱怨的人会想"对我有意见？我还懒得理你呢"，不抱怨的人可能想都没想，最多会想"他也是想着做事，没留神"。

喜欢抱怨的人都生活得很疲惫，因为他只看到了自己的付出，而没有看到自己的所得，而不抱怨的人即使真的很累，也不会埋怨生活，因为他知道，失与得总是同在的，一想到自己获得了那么多，就会高兴起来。

一位青年时常对自己的贫穷抱怨不已，经常牢骚满腹。有一天，他终于鼓足勇气敲开了一位富翁家的门，希望那位白手起家的富翁能够告诉他一些关于致富的秘诀。

"你一定是来问我，我是怎样白手起家的吧？"一进门，富翁首先问道。

"您是怎么知道的？"青年暗暗地对富翁的判断感到惊讶。

"因为在你之前，已经有很多自以为一无所有的年轻人来找过我。来这里的时候他们确实贫困潦倒而且满腹牢骚，但走时俨然一个个都成了富翁。你也具有如此丰厚的财富，为什么还抱怨不止呢？"

"那到底是什么呢。快告诉我呀！"青年急切地问。

"你的一双眼睛，只要你给我一只眼睛，我可以用一袋黄金作为补偿。"

"不，我不能失去眼睛！"青年大声回答道。

"好，那么我要你的一双手吧！这样我就可以把你想得到的东西都给你。"

"不，双手也不能失去！"青年尖叫道。

"有一双眼睛，你可以学习，有一双手，你就可以劳动。现在你明白了吧，你有多么丰厚的财富啊！这就是我的致富秘诀。"富翁微笑着说。

我们本来就很富有，为什么做些无谓的抱怨呢？当我们抱怨不止的时候，或许成功的机会就悄悄从我们身边溜走了。

人人不喜欢跟抱怨的人在一起，抱怨的人几乎没有朋友。人们总是喜欢那些乐观的人，欣赏他们面对逆境和困难表现出的泰然和自信。跟乐观的人在一起，你也会觉得生活美好起来，所有的困难和不幸，都会在你的勇气面前藏匿起它们的身影。因此，人不要总是在抱怨中生活，抱怨生活就是孤立自己。

如果你想抱怨，生活中一切都会成为你抱怨的对象；如果你不抱怨，生活中的一切都不会让你抱怨。如果能常换个角度来看问题，你可能会很容易发现自己的人生照样很精彩。你不能改变容颜，你何不想一想放纵笑容；你不能改变天气，你何不改变心情。俗话说：风雨之后才见彩虹。人生也是如此，历经磨炼往往能造就精彩的人生。

发明家大王——爱迪生为了寻找做灯丝的最好材料曾做了1000多次实验，并且都失败了。有一邻居嘲笑他："你怎么做1000多次实验都失败了？"爱迪生说："我不是发现了1000多种不合适做灯丝的材料了吗？"爱迪生能换个角度看待失败，深信一定能获得最合适的材料，正因为有这自信，所以能不懈努力，最后终于获得成功。

要学会用乐观扫除抱怨的阴霾。要学会正确地面对生活中的所有不顺心的事，面对生活中的所有困难和挫折。

生活不如意的事十有八九，十全十美的生活是不存在的，相反，起起落落，悲欢离合才是家常便饭。不要抱怨，每个人的人生都不会是一帆风顺的，而正是因为有这些波波折折，才练就出异彩纷呈的人生。

我们做不到一点抱怨也没有，但我们至少可以做到让抱怨少一点；少一点抱怨，少一点烦恼。如果抱怨成了一个人的习惯，就像搬起石头砸自己的脚，于人无益，于己不利，生活就成了牢笼一般，处处不顺，处处不满，反之，则会明白，自由地生活着，其实本身就是最大的幸福，哪会有那么多的抱怨呢？

不苟求完美，不滋生抱怨

你期望得越高，可能失望得越大。凡是力求完美的人，从某种角度讲是跟自己过不去，这样的人注定一生与烦恼形影不离，而与快乐无缘。

俗话说："金无足赤，人无完人。"任何事任何人都不是十全十美的，不论是普通老百姓还是那些赫赫有名的人物，都会有各自的不足。比如，有些人为挫折与困难所困扰，有的人天生残疾，有的人家庭出现裂痕。人生在世，每个人都会遇到烦恼，每个人都有不足。如果你非要苛求完美，那么抱怨也就会越来越多。

在美国和英国有两个姑娘，她们分别叫艾美和希茜。这两位姑娘既聪明又漂亮，但都有残疾。

艾美出生时两腿没有腓骨。一岁时，她的父母作出了充满勇气但备受争议的决定：截去艾美的膝盖以下部位。艾美一直在父母的怀抱和轮椅中生活。后来，她装上了假肢，凭着惊人的毅力，她现在能跑、能跳舞、能滑冰。她经常在女子学校和残疾人会议上演讲，还做了模特，频频成为时装杂志的封面女郎。

与艾美不同的是，希茜并非天生残疾，她曾参加英国《每日镜报》的"梦幻女郎"选美，并一举夺冠。1990年她赴南斯拉夫旅游，决定侨居异国。当地内战期间，她帮助设立难民营，并用做模特赚来的钱设立希茜基金，帮助因战争致残的儿童和孤儿。1993 年 8 月，在伦敦她被一辆警车撞倒，肋骨断裂，还失去了左腿，但她没有被这一不幸击垮。她后来奔走于俄罗斯的车臣、柬埔寨，像戴安娜王妃一样呼吁禁雷，为残疾人争取权益。

也许是一种缘分，希茜和艾美在约见著名假肢专家时相识。她们现在情同姐妹。

她们虽然肢体不全，但不觉得这是什么了不得的人生憾事，反而觉得这种奇特的人生体验给了她们坚忍的意志和顽强的生命力。她们现在使用着假肢，行动自如。

艾美说："我虽然截去双腿，但我和世界上任何女性没有什么不同。我爱打扮，希望自己更有女人味。"

希茜和艾美没有自怨自艾，人生在她们眼里仍是那么美好。她们和别的肢体健全的姑娘一样，也有着自己的爱情。她们的人生是丰富多彩的，并没有因为身体上的缺陷而留有遗憾。

每个人都有自己的长处，也会有缺陷，关键是看你怎样去面对。其实，身体上的缺陷算不了什么，但如果你因此而产生心灵上的缺陷，那才是最大的缺陷。任何事物都是辩证的，当你辩证地去看待自己的缺陷与不足时，抱怨才会越来越少，幸福才会越来越多。

追求完美本没有错，如果你过分地苛求完美，就会使自己产生很大的失落感，进而产生抱怨。苛求完美是发现不了美的，更谈不上享受美。只有善于从生活中发现美、创造美，才能使自己的人生变得更加多姿多彩。

很多时候，我们在理解幸福和完美的意义时会陷入一个误区，认为只有完美的生活才是幸福的。当我们孜孜不倦地追求完美时，殊不知我们失去了本该拥有的。我们心中的完美永远是个梦想而已，我们不能苛求现实与梦想完全一致。

在广阔的海滩上，到处是大大小小的贝壳。一个小男孩儿每捡起一个，瞧一瞧，然后就随手把它扔掉。就这样，他已经捡了一个下午，却始终没有找到自己心目中最完美的贝壳。

夕阳西下，海与天的颜色越来越暗，小伙伴们各自提着装满贝壳的篮子回家了，那个小男孩却仍然摇着空篮子，蹒跚着脚步在沙滩上寻找……

有一个人非常幸运地得到一颗硕大而美丽的珍珠，他却觉得遗憾，因为珍珠上有一个小小的斑点。他想，若是除去这个斑点，它该是多么完美呀！于是，他刮去了珍珠的一部分表层，但斑点还在；他又狠心地刮去一层，斑点依旧存在。于是他不断地刮下去……最后斑点没有了，而珍珠也不复存在了。

此人于是一病不起，临终前他无比忏悔地对家人说：当时我若不去计较那个小斑点，现在我手里还会攥着一颗硕大美丽的珍珠啊！其实，我们每个人的脚边都有彩贝，手里都有珍珠，只是我们很多人不懂得珍惜，不善于享用，因而错过了多少好运，辜负了多少美丽。

现实生活中，许多的苦恼和不幸正是像于过分地追求完美。当然，追求美好和完美乃是人之常情。现实并不会完全按照我们的意愿发展，若是过于执著且不肯变通，必然会陷入完美主义的心理误区。捡贝壳的男孩和欲除掉珍珠斑点的那个人就是完美主义者，而完美主义者一定是失落最多的人，也一定是最痛苦的人。因为在他们的眼中看到的大多是不完美，因而一次次地与机遇擦肩而过，与成功遥遥相望，最终是落得两手空空。

这在我们的现实中并不少见，就拿现实中的"剩女"来说吧，为何越来越多的"剩女"出现，很多是因为对男人的追求太过于完美吧，总觉得和自己在一起的男人有这或那的缺点，总是不能和心目中理想的"白马王子"合拍，以至于挑选到最后，依然是孤身一人。孤身一人时还没反省，依然还在盲目地寻找那个完美的男人和一份不切实际的爱情。

一个凡事不苟求完美的人，却能发现生活中处处充满了美，因为任何事物都有值得欣赏的地方。学会接受不完美，则凡事都会完美，连残缺也成了一种美。能接受自身的不完美，也能接受他人的不完美，这样的人才活得自在、快乐、潇洒。

一位老和尚想从两个徒弟中选一个做衣钵传人。一天，老和尚对徒弟说，你们出去给我拣一片最完美的树叶。两个徒弟遵命而去。时间不久，大徒弟回来了，递给师傅一片并不漂亮的树叶，对师傅说，这片树叶虽然并不完美，但它是我看到的最完整的树叶。二徒弟在外面转了半天，最终却空手而归，他对师傅说："我见到了很多很多的树叶，但怎么也挑不出一片最完美的……"最后，老和尚把衣钵传给了大徒弟。

一心只想要最完美的，结果却两手空空。"拣一片最完美的树叶"，人们的初衷总是美好的，但是任何事物都不可能是完美无缺的，如果我们一味不切实际地找下去，最终往往只会吃尽苦头，直到有一天你才会明白：为了寻求一片最完美的树叶而失去了许多机会，是得不偿失的。世间的许多悲剧，正是因为一些人热衷于追求虚无缥缈的最完美的树叶，而忽视平淡生活，其实平淡中往往蕴含着许多伟大与神奇，关键是你以什么样的态度去面对。

停止抱怨，世界会变得不一样

终结抱怨，改变自己，你的世界将会变得与众不同，你的人生也随之改变。

在这个世界上，人人都希望自己快乐，但并不是人人都是快乐的，好多人总觉得别人活得比自己快乐。一个国际研究组织曾对 20 多个经济发达国家进行了一项调查，主题是"你是否每天都感到快乐"。调查显示，60% 以上的人的回答是否定的。其中 20% 的人认为自己"每天都不快乐"，60% 的人常常生活在抱怨中。

生活真的值得我们去抱怨吗？我们总是渴望享受生活所赐予我们的美好，但一切美好变得不再轻松愉快的时候就立刻抱怨它。其实，生活本来就是辛、酸、苦、辣、甜五味俱全的，当品尝过它的甜美后，你将不得不再去品尝一下它的辛、酸、苦、辣。甜美的日子固然让人高兴，但如果生活中只有甜，那甜就无所谓甜。辛酸苦辣的味道固然不佳，却能让你意志更加坚强，思想更加成熟。没有经历过辛酸与苦辣，你的生活注定是不完美的。面对生活的辛酸与苦辣，我们应该养成不抱怨的习惯。

威尔是一位牧师，2006 年，他发起了一项名为"不抱怨"的运动，邀请每位参加者戴上一个特制的紫色手环，只要一察觉自己抱怨，就将手环换到另一只手上，以此类推，直到这个手环能持续戴在同一只手上 21 天，到时候，参加者便已养成不抱怨的习惯。威尔推行此活动的目标，是为了转化我们这个世界的意识。听起来，似乎是一个很大的梦想，而且未免太理想化。然而，在"不抱怨"运动推行不到一年，全球就有 80 个国家和地区，约 600 万人参与了这项心灵运动，学习培养正向思考，积极养成"不抱怨"习惯，为自己创造更快乐、

美好的生活。

喜欢抱怨的人永远看不到生活的美好，他们的生活一定是充满疲惫的，因为他们只看到了自己的付出，而没有看到自己的所得；而不抱怨的人即使真的很累，也不会埋怨生活，因为他知道，失与得总是同在的，一想到自己获得了那么多，他们就感到轻松愉悦。

有人说："抱怨是心中的魔，它是人们的灵魂被欲望绑架了以后从内心世界里跑出来的祸害，灵魂不归位它将会疯长，并且祸患无穷。"当然，停止抱怨，改变自己，不是说想做就能做得到的，它需要你的修炼。

从现在开始，不要抱怨你的专业不好，不要抱怨你的运气不好，不要抱怨你的丈夫穷或你的妻子丑，不要抱怨你没有一个好父亲，不要抱怨你的工作差、工资少，不要抱怨你空怀一身绝技没人赏识你，现实有太多的不如意，就算生活给你的是垃圾，你同样能把垃圾踩在脚底下，登上世界之巅。

别抱怨生活的不公，别抱怨命运捉弄人，停停走走的人生之旅，总有属于自己的风景。风景不会亏待每个追求她的人，生活也同样会对每个热爱她的人予以回报。

美国作家房龙曾经说过这样一句话："当世界抛弃你，而你又无法改变时，你才有权利抱怨。"事实上，往往不是世界抛弃我们，而是我们放弃了自己。

画家列宾和他的朋友在雪后去散步，他的朋友瞥见路边有一片污渍，显然是狗留下来的尿迹，就顺便用靴尖挑起雪和泥土把它覆盖了，没想到列宾发现时却生气了，他说，几天来我总是到这来欣赏这一片美丽的琥珀色。在我们生

活中，当我们老是埋怨别人给我们带来不快，或抱怨生活不如意时，想想那片狗留下的尿迹，其实，它是"污渍"，还是"一片美丽的琥珀色"，都取决于你自己的心态。

一个人是否抱怨生活，关键是取决于他对生活的态度。一个态度消极的人，即使得到生活的恩惠，也许他还会抱怨恩惠太少；一个态度积极的人，就算遇到生活的不如意，他也能换一种角度去欣赏它。

我们可以静下心来想一想，抱怨给我们带来什么？很多时候非但不能解决问题，相反还会使得问题进一步地恶化。而且，如果你抱怨上了瘾的话，不但人见人厌，自己也会整天烦得要死。

抱怨是心里最重的东西，却又是最没有价值的东西。抱怨总是给一个人的生活构筑许多的障碍，总是遮住你发现美的视线，总是让你错过成功的机遇。因此，我们一定要放下抱怨，因为我们可以发现，很难找到一个成功人士会对环境大发牢骚、抱怨不停、烦躁不安，尽管他可能克服了天大的障碍才拥有他的成功。

让生命的每一秒钟都精彩是我们人生的终极追求。追求人生的精彩是因为一个人来到这个世上不容易，既然有幸来到这个世上，就应该多做点事情，让生命的质量高起来，不要浪费人生的每一秒钟。有些事你去做了，结果等于没做或者还不如不做时，那不是等于在浪费生命吗？抱怨即是如此，有几个人通过抱怨而改变了目前的处境呢？

停止抱怨，从改变自己开始。每个人都守着一扇自内开启的"改变之门"，除了自己，没有人能为你开门，只要你愿意敞开心灵，由内而外地全面造就自己，才能使你在人生各个层面表现出众，才可能让成功的圆满在你的掌握之中。

通过抱怨改变别人是痴人做梦，与其改变别人不如改变自己，孔子说："其身正，不令而行；其身不正，虽令不从。"人脑就像一座工厂，制造的是想法。嘴巴就像是顾客，买下并大声说出大脑产生的想法，如果顾客不再购买，工厂就会更换产品。停止抱怨，把不抱怨看成一种生活态度，学会光明思维，唤起自己内心的阳光，这样我们的生活就会充满阳光。

一位铁匠想用一根铁条打造一把锋利的宝剑，在炭火中一次次烧炼锻造之后，却一次次的失败，无法达到他期望的结果。最后一次当通红的铁条从火中取出来后，他茫然不知所措。实在没有办法了，他随手把铁条放入了水桶中，在一阵嘶嘶的声响后，说道："虽然没有打造成什么，但是至少我还能听听嘶嘶的声音。"人生原本就是充满了缺憾，遭遇不如意的时候不如学学这位铁匠，以一种豁达面对。

一位作家说："停止抱怨，你就已经在通往你想要的生活的路上了。"我们应该牢牢记住：勇敢地面对前进道路中的各种不确定，遇事多从自己身上寻找问题，时时控制自己的情绪，在任何时刻都要努力保持阳光心态。

换个心态看问题，抱怨不再来

生活中，遇到不如意的事，换个心态看问题，便会产生另一种哲学，另一种处事观。

生活中处处都有不如意，靠抱怨并不能解决问题。面对不如意，与其抱怨，不如换个心态看问题。杯子里有半杯水，一个人看见会说："哎，只有半杯水了。"而另外一个人则说："啊，还有半杯水呢！"

生活中不如意的事十有八九，我们习惯了抱怨，我们常说或听到"你看人家的工作多轻松""谁谁谁的运气怎么那么好"等等抱怨命运的不公、抱怨生不逢时、抱怨造化弄人的话。在抱怨中，我们对自己拥有的幸福熟视无睹、不懂珍惜，单纯地放大缺憾；在抱怨中，我们患得患失、斤斤计较，把感恩的心态越抛越远。

好多人总以为抱怨是很好的发泄工具，可以在面对挫折和困难的时候放松自己的心情，却往往忽略这种情绪对自己的严重影响。

美国伟大的哲学家威廉·詹姆斯曾说："我们这一代最伟大的发现是，人类可以经由改变心态而改变自己的生命。"事实确实如此，你用什么样的心态对待你的人生，生活就会以什么样的态度来对待你。你消极，生活就会暗淡，你积极向上，生活就会给你许多快乐。

我们知道，事物都有其两面性，问题就在于当事者怎样去看待它们。这就是对待事物的不同的心态，前者是抱怨而悲观的，而后者因乐观而幸运。

有位秀才第三次进京赶考，住在一个经常住的店里。考试前两天他做了3个梦，第一个梦是梦到自己在墙上种白菜，第二个梦是下雨天，他戴了斗笠还打伞，第三个梦是梦到跟心爱的表妹脱光了衣服躺在一起，但是背靠着背。

这3个梦似乎有些深意，秀才第二天就赶紧去找算命的解梦。算命的一听，连拍大腿说："你还是回家吧。你想想，高墙上种菜不是白费劲吗？戴斗笠打雨伞不是多此一举吗？跟表妹都脱光躺在一张床上了，却背靠背，不是没戏吗？"

秀才一听，心灰意冷，回店收拾包袱准备回家。店老板非常奇怪，问："不是明天才考试吗，今天你怎么就回乡了？"秀才如此这般说了一番，店老板乐了："哟，我也会解梦的。我倒觉得，你这次一定要留下来。你想想，墙上种菜不是高种吗？戴斗笠打伞不是说明你这次有备无患吗？跟你表妹脱光了背靠背躺在床上，不是说明你翻身的时候就要到了吗？"

秀才一听，更有道理，于是精神振奋地参加考试，居然中了个探花。

一个人的心态往往决定他一生的命运。积极的心态有助于人们克服困难，使人看到希望，保持进取的旺盛斗志；消极的心态使人沮丧、失望，对生活和人生充满抱怨，自我封闭，限制和扼杀自己的潜能。

人生总是充满磨难的，正像是生活的五味瓶中不会没有苦一样。如果人生中没有幸福和成功，那就不值得人们去向往。但在我们获得幸福和成功前，所有的酸和苦却是一种必然。它们在丰富我们的人生，也能让我们在品尝"甜"的那一刻更明白"甜"的意义和自己的辛酸历程。

所有困难都是一个纸老虎，当下的困难，不会永远是阻碍你前进的障碍。所以，面临困境时，我们不必怨天尤人，不必悲伤流泪。最重要的是我们调整好自己的心态，用积极的心态去思考，去面对，让情绪化成一种力量，相信明天的太阳。

人生充满了苦难与幸福，当我们处在幸福时，不要忘形；当我们处在苦难中，不要忘了明天。人在逆境中，需要的就是坚守，再大的苦也可以微笑，再多的委屈，也可以去接纳。人生没有迈不过的坎儿。我们可以走出生活的阴霾，并用积极乐观的眼睛重新审视这个世界。

换一种心态去看这个世界，我们就会发现，生活并不是只有苦难，缺少美好，也许我们是在抱怨中让自己失去了力量，在消沉中让自己失去了勇气。懂得坚守，学会发现，勇于奋斗，逆境才会成为更甜的幸福。

其实，只要我们换一个角度去思考，去观察，就不难发现，生活展现给我们的并不是我们通常感觉的那么糟糕，那么阴霾漫天，那么没有希望。

一天，一个年轻人站在悬崖边，痛不欲生。这时，一位老者，手舞足蹈，缓歌而过。年轻人止住老者，问："老人家，您为何如此快乐？"老人朗声回答："天地之间，以人为尊，我生而为人；星辰之中，唯日月灿烂，我能早晚相伴；百草之中，最是五谷养人，我能终生享用。我为什么会不快乐？"年轻人若有所思地点了点头："老人家，我觉得很自卑，不如别人活得有价值。"年轻人还是满脸忧伤。老者微微一笑，说："一块金子和一块泥土，谁更自卑呢？"年轻人刚要回答，老者摆了摆手，继续说："如果给你一粒种子，去培育生命，金子和泥土谁更有价值呢？"说完，老者大笑而去。年轻人顿觉释然。

角度不同，对问题的看法各有所异，有人积极，有人消极。消极思考者只看坏的一面，对事物总能找到消极的解释，最终他们也将得到消极的结果。而积极思考者却更愿意从好的方面考虑问题，并通过自己的努力，得到一个积极的结果。

有位哲人说过"苦难是一笔最好的财富"，换个角度想一想，苦难不正是对人的体魄、心理和思想素质的最好的磨炼吗？这种磨炼能让人具备与逆境抗争所必需的条件，从而走出逆境，抵达成功的彼岸。

人生如舞台，当困难、不幸、挫折来临的时候，我们不妨换个角度来看待问题，用积极的心态、顽强的毅力和必胜的信心去努力拼搏，在困境中执著地坚持住，唱出最美丽的歌声，命运的掌声终会响起。

有位哲人说过："没有缺憾的人生是最大的缺憾。"既然如此，我们无需犹豫，在人生的道路上遇到缺憾时，就换个角度试试带着一份快乐的心情和感恩的心态，还有顽强的毅力和成功的决心去努力拼搏，一定会描绘出美丽多彩的人生画卷。

一位伟人曾说过："要么你去驾驭生命，要么生命驾驭你，你的心态决定了谁是坐骑，谁是骑师。"当人生的理想和追求不能实现时，不妨换个角度来看待人生。你不妨以一个良好的心态待人处事，这样可以把生命的舞台演绎得更加精彩。

眼睛总盯着痛处，就看不到光明

你如果只盯住生活中的不如意，你注定抱怨不止，抱怨的同时你也失掉了光明。

生活中的不如意常常引起我们的抱怨，而抱怨情绪的真正根源，则在我们的内心。好多人抱怨不断实际上并不是因为遭遇了多大的不幸，而是缘于内心上的认识。当他们遭遇到不如意的事情时，总爱将眼光盯在痛处，使自己既看不到光明，也感受不到幸福。

台湾著名作家柏杨先生有句名言："事物都有正反两个方面，如果在白纸与黑点面前缺乏识别能力，只注意黑点而忽略了整张白纸，那么，你的眼中就是一个黑色的世界，它逼你承受压抑、失望、焦虑和痛苦，怨天尤人、郁郁寡欢的心情就会替代原本属于你的快乐和幸福。如果不用任何借口来辩解你的过错，如果你注意的是整张白纸而不是黑点，那么，你心灵的天空就必然洁白、明朗、宁静，烦恼和痛苦也就会离你而去。"

一对男女结婚不久，妻子就对丈夫横挑鼻子竖挑眼。在她的眼里，丈夫身上的缺点之多，简直到了无可救药、无法容忍的程度。比如，丈夫做事细致，但太过迟缓；丈夫说话不够浪漫而太过平实；丈夫上班前竟忘记给她一个热吻……

于是，她便经常在父母面前诉说丈夫的不是。父亲听后，什么也没有说，而是拿出一张白纸在上面画了一个黑点，然后问她："女儿，你看这是什么？"

女儿答道："这是黑点。"

"你再仔细看看。"父亲又说道。

女儿仍回答："不错，就是黑点呀！"

父亲摇了摇头，说："难道除了黑点，你就没看见还有这么大的一张白纸吗？"

女儿点了点头，茫然地看着父亲。显然，她没有完全明白父亲的意思。而父亲再也没有说什么，只是让她回家了。

回到家中，她仍然在想着白纸与黑点的事情。经过一段时间后，她从中领悟到了一个道理，用这个道理再去想自己对丈夫的看法，竟发现自己的丈夫有许许多多的优点，这时她才意识到自己是"入芝兰之室，久而不闻其香"了。她明白并不是丈夫不好，而是自己的眼睛里看到的只是丈夫的缺点，而看不到丈夫的优点，故而烦恼。

一个人如果总是盯着黑点看，他永远看不到白的世界；一个人如果总是盯着自己的缺点和不足，自然发现不了自己的优点。那些终日被抱怨所困扰的人，不是看不到另外的世界，就是感受不到光明的存在。其实，好也罢，坏也罢，只要你善于换一个角度看问题，别老盯着自己的痛处，抱怨也就会烟消云散。

一个总是盯着痛处看的人注定是一个悲观的人，悲观的人生是充满灰色的，悲观的人是看不到光明的。其实，并不是生活中没有光明，而是我们的内心缺乏光明。

一天，汤姆去医院探望一位病人。进病房之前，他像往常一样，先到了医护室向医生和护士探询病人的病情。一位护士说："他没事。"医生也点头说："他只是中风了，但是完全可以康复。"走进病房时，他却看到一个完全不像"没事"的人。于是就问病床上的朋友："老朋友，怎么样了？我过来看看你。"病人气若游丝地说："哎，你来了啊。我的情况不太妙，我估计我撑不了几天时间了……我活不了多久了。"

"你说什么？"他问道。

"我快死了。"病人说。

当时，一位护士来帮病人做例行检查，他把护士拉到一边，悄悄说道："你们是不是骗我啊？我以为你们说他真的没事呢！"

"他是没事啊！"

"可是他刚才告诉我，他都快要死了。"

护士诧异地瞪大了眼睛，走到床边，亲切地对病人说道："别担心，你只是中风，并不是什么严重的病，完全可以康复。再过几天，我们就会把你转到康复病房，你很快就可以回家，和你的家人一起团聚了。"

病人不置可否地点了点头说："好。"

等到护士离开了病房，病人开始巨细靡遗地说起他的丧礼要如何如何操办。汤姆提出异议："可是你还好好的，并没有死啊！"并开玩笑说，"我会先记下来，等你死了的时候，我再为你好好地操办丧礼。"病人摇了摇头，说："我现在就快死了。"然后又说起他追悼会的事情。

汤姆离开病房后，又去找医生谈了一次，说："病人确信自己快死了。"医生无奈地说："病人确实只是中风，这不会要他的命。他真的不会有事。"

两个礼拜后，汤姆真的主持了那位病人的丧礼。医生和护士都没办法说服这位病人。他早已认定自己快死了，而他的身体也相信了。

人的情绪与身体的健康息息相关。积极良好的情绪，有利于人的心理与身体的健康；短暂的消极情绪虽不会对健康造成不利影响，但长期消极和不愉快的情绪，就会对人的健康带来损伤，严重的甚至会引起疾病。

这个故事同时也说明一个道理，很多时候事情并没有我们想象的那么糟糕，而是我们自己老是将不幸的事夸大了，使得本来并不糟糕的事情进一步恶化。正如故事里的病人，他本来没什么大病，只是中风了，他却总以为自己得了不治之症，最终因恶劣的情绪笼罩着病人，病人的病情不断恶化，最终毁掉了自己的一生。

我们多看一看生活光明的一面，烦躁就会少一些，快乐和幸福就会多一些，就能鼓足勇气去战胜生活中的困难。

抱怨会让人走入死胡同

抱怨，就如同酗酒、抽烟、吸毒一样，让人上瘾，久而久之，它就会对我们自身的成长造成极大破坏性，最终让我们步入死胡同。

现实生活中，抱怨总是与我们形影不离。一件鸡毛蒜皮的事可能让我们抱怨不止。我们不要小看随口的抱怨，从口中说出的抱怨字眼会让我们的思维朝着消极的方向延伸，进而影响我们的行为，改变我们的处境。

在生活中我们常常会遇到这种现象，当人们聚在一起，总是喜欢讨论一些大家比较关心的主题，对话可能就朝着交谈者喜爱或觉得刺激的露营旅行经验来展开。总之，我们谈论的话题若是令人愉悦的，那整个讨论会变得越来越令人开心、舒畅；然而，好多时候我们总是不知不觉中围绕一个主题毫无休止地抱怨起来。结果弄得大家牢骚满腹，不欢而散，最危险的是这种群体抱怨容易使我们的思想走进死胡同。

英国喜剧《四个约克夏人》就尖锐批判了这种现象。

在这部短剧里，四位严谨优雅的约克夏绅士坐在一起，品尝着昂贵的红酒。他们的对话起初是积极而正面的，然后就微妙地转向消极负面；后来，他们开始以抱怨来互相较劲，最后一发不可收。

刚开始，有一个人表示，几年前他能买得起一杯茶就算很好运了。第二个想拼过第一个人，便说他能喝到一杯冰茶就算庆幸了。

抱怨的声浪加速蔓延，他们的论调旋即演变得荒唐可笑，每个人都试图证明，自己过的才是最艰苦的生活。其中有位绅士一度谈到自己成长时所住的房子有多么破烂，第二个约克夏人则转动眼珠子说道："房子！有房子住就很不错了呢！我们以前只住一个房间，一共有26个人，什么家具都没有，地板有一半不见了，我们怕掉下去，就挤成一团窝在角落里。"

哀叹和抱怨就这样你来我往、持续不断……

"噢！你真幸运还有房间住呢，我们以前都住走廊！"

"喔，我们以前还梦想能住走廊呢！我们是住在垃圾场的旧水箱里。每天早上醒来，都有一堆臭鱼倒在我们身上。"

"呃，我说的'房子'只是地上的一个洞，用防水布盖住，这对我们来说就算房子了。"

"我们还从地上的洞里被赶出来，只好住在干掉的湖洞里。"

"你有湖洞算幸运了，我们 150 人住在马路中央的鞋柜里。"

最后，有一个角色在这场竞赛里胜出，他声称："我得在晚上 10 点钟起床——就是睡觉前半个小时，然后喝一杯硫酸，在磨坊里每天工作 29 个小时，还要付钱给磨坊老板，请他准许我来上班。"

这仿佛是一场永无休止的抱怨比赛。这样的抱怨不仅毫无意义，还会令人反感。在人际交往中，抱怨会让你变得招人怨。我们通常在跟他人进行抱怨时，可能会暂时尝到获得注意力或同情心的甜头，也可以回避去做让你自己紧张的事；然而抱怨的行为也是双刃剑，它将带来负面的影响。常年抱怨的人，最后可能被周围的人们放逐，因为他们发现自己的能量被这个抱怨者榨干了，于是在不知不觉中疏远他。

你是否发现自己正身处一堆怨天尤人的人群里呢？你周围都是些爱发牢骚的人吗？那么，我们都会去接近和自己相似的人，而远离和自己互异之人。所以，这个时候，你应该反省下自己，是不是你的嘴里会经常冒出抱怨的字眼？

在工作中，抱怨会让自己最终走投无路。许多员工抱怨老板抠门，抱怨工作时间过长，抱怨公司管理制度过严……有时，这种抱怨的确能够赢得一些善良人的宽慰之词，它可以使自己内心的压力暂时得到一定的缓解。诚然，口头的抱怨就其本身而言，不会直接给公司和个人带来经济损失。但是，持续的抱怨会使人的思想摇摆不定，进而在工作上敷衍了事；抱怨使人思想肤浅、心胸狭隘，一个将自己的头脑装满了抱怨的人是无法容纳未来的，这只会使他们与公司的理念格格不入，更使自己的发展道路越走越窄，最后一事无成，只好被迫离职。

一天，约翰站在一家商店的皮鞋专柜前，和受雇于这家商店的一位年轻人聊天。这位年轻人告诉约翰，他在这家商店服务已经 7 年了，但由于这家公司的老板"目光短浅"，他的工作业绩并未得到赏识，他非常郁闷，但同时，他似乎对自己很有信心："像我这样一个学历不低、年轻有为的小伙子，还愁找不到一份体面而有前途的工作！"

正说着，有位顾客走到他面前，要求看看袜子。这位年轻店员对顾客的请求不理不睬，仍在继续向约翰发牢骚，虽然那位顾客已经显出不耐烦的神情，但他还是不理。最后，等他把话说完了，才转身对那位顾客说："这儿不是袜子专柜。"

那位顾客又问，袜子专柜在什么地方。这位年轻人回答说："你问总服务台好了，他会告诉你怎样找到袜子专柜。"

7 年多来，这个内心抑郁可怜的年轻人一直不知道自己为什么没遇到"伯乐"，没得到升迁和加薪。

3 个月后，当约翰再次光顾这家商店时，没有再看见那位满腹牢骚的小伙子。商店的另一名店员告诉约翰，上个月，公司人员调整时，他被解雇了。"当时，他非常费解……"

几个月后，一次偶然的机会，约翰在一条商业街上，又碰见了那个小伙子，他心情有些沉重，一改往日的"意气风发"。他说，时下经济不景气，找了几个月都没有找到满意的工作……

说完后，他匆匆离去，说是要去参加一个面试，虽然工作性质与原来的没有什么不同，薪水也不比原来的高多少，但他还是很珍惜这个面试机会。

　　试想，这位年轻人如果懂得珍惜原来的工作机会，努力工作，就不需要这样努力地去找工作了。是他自己的抱怨使他走入了死胡同，他倒霉的处境其实是自己一手造成的。

　　抱怨让我们无形中失去许多好机会，机会就在身边，因为抱怨挡住了我们的视线，机会也就悄悄离开我们。长时间的抱怨会使得我们的思想顽固不化，将自己逼进思想的胡同，越走越窄，最终陷入困境。

第四辑

感恩，人生幸福的源泉

感恩之心是人生最宝贵的品格。一个懂得感恩的人，一定是具有良好修养的人，一个热爱生活的人，一个无论在什么情况下都保持风度的人。一个不懂感恩的人，必然是一个人生充满苦恼的人。感恩犹如内心的阳光，给我们带来光明和温暖。拥有一颗感恩的心，我们的生命才会充满温馨，我们的灵魂才会更加纯净。感恩，会让你拒烦恼于千里之外。感恩的人生，是幸福的人生。感恩，来自对生活的爱与希望，它是一种最美的心态，是人生幸福的源泉。

我们不是不幸福，只是不会感知幸福

不要再抱怨自己不幸福，幸福就在我们身边，只是我们缺乏感知幸福的能力。

幸福是什么？每个人都有自己的答案，甚至同一个人不同的时间、境遇、心情之下也有不同的答案。

生活中好多人常常抱怨自己不幸福，其实并不是我们不幸福，而是缺乏感知幸福的能力。一个具有幸福感的人，对生活总是会有一份感恩，感恩是幸福感的源泉。

一个著名杂志社的记者采访了一位姓王的身家过亿的企业总裁，他感到很困惑：他现在有足够的金钱和时间来支配，但仍然感觉不到幸福。在他的记忆中，最幸福的是十几年前刚创业的时候，那时一无所有，但有干劲，有理想，还有夫妻俩的心心相印。几年前，他离了婚，和更年轻漂亮的小妻子结了婚，又生了一个儿子，儿女双全，别人都说他到了人生的至高境界。但他不幸福，甚至不知道自己想要的幸福究竟是怎样。

　　王先生在十几年前艰苦创业的时候，虽一无所有，依然感到幸福，这是因为那时的他具备感知幸福的能力。十几年后，他功成名就，却失去了感知幸福的能力。

　　如果用一个公式来表达，那么：幸福感＝供给／需求（满足欲望的条件／欲望）。由此我们可以知道，能够满足欲望的客观条件，在人一生中是有限的，尽管它是变动的。而人的欲望是无止境的，欲望越小，则分值越大，幸福感也越大。

　　一位著名的经济学家这样解释"不幸福"："不幸福是因为欲望得不到满足，现在的诱惑太多，品种复杂，但人们又不知道自己要什么，只是看到别人有的自己也一定要拥有，这样的现象让人们产生了焦灼感。"所以，尽管绝大多数人的物质条件（供给）更充裕了，但欲望的增加值更大，导致了绝对值小。

　　这也可以解释为什么调查显示农民的幸福感高于城市居民，二三线城市居民幸福感高于一线城市居民。原因很简单：他们比较低的欲望水平比较容易满足。

　　欲望越小，人们感知幸福的能力越强。

　　海子有一首著名的诗：

　　从明天起，做一个幸福的人

　　喂马、劈柴，周游世界

　　从明天起，关心粮食和蔬菜

　　我有一所房子，面朝大海，春暖花开

　　幸福没有我们想象的那么复杂，幸福很简单，就如诗人海子所描述的那样。具有感知幸福能力的人，不仅在风和日丽的时日，不仅在快乐环绕的时辰，能够感受幸福和自己做伴；就是在恶劣的环境中，在一连串的不如意中，照样能够在其中析出幸福的感觉；即使在霉头触到山海关，受到的打击接二连三，仍旧能够从中寻觅出幸福的感受。拥有幸福感的人总是懂得感恩生活和享受生活的。

古希腊著名的哲学家第欧根尼向往和提倡回归简朴的自然生活，他躺在阳光下，心满意足，常常说自己比波斯国王还要快活。年轻的马其顿国王亚历山大慕名前去拜访，问："第欧根尼，我能帮你的忙吗？"第欧根尼说："可以，站到一边去，你挡住了阳光。"

这就是哲学家的幸福，"躺在阳光下"他就心满意足了。幸福不需要处心积虑地去苦苦追寻，那样只会带来烦恼。

不同的人对生活的感悟也是千差万别的，有些人只能感知物质所带给他们的幸福感觉，有些人却可以领悟到苦中有甜、苦中有乐的高层精神境界。这是两个截然不同的有关幸福的观念与概念。前者是有关物质幸福的，后者则是有关精神幸福的。物质幸福是存在于客观环境中的，是赤裸裸的物化主义或拜金主义，这种幸福是有条件与限制的，只有物质与金钱得到自身满足时，他才会感到幸福，一旦这种环境突然改变，幸福将转变为不幸。精神幸福才是生活中真正的幸福，它是存在于主观心理的，只要你的内心永远是知足的，永远是满足的，那么幸福永远都围绕在你的身边。

小刘是高等院校毕业的硕士，毕业后在一家医药公司做销售，由于业绩显著被提拔为销售经理，年薪40万元。她的丈夫小高有文学学士和MBA学位，是一家广告集团公司的副总经理。两人的年收入超过 60 万元，有豪宅有轿车，有一个可爱的儿子。拥有这样一个令人美慕的家庭，小刘却不满足，尤其是看到丈夫的同学身家千万，她心理越发失衡，制订了"家庭创富规划"：自 2008 年 7 月开始，自己每年完成 120 万元到 150 万元的收入，小高完成 100 万元至 120 万元的收入，5 年内实现家庭资产 1000 万元的目标。并按照她管理业务员的方式逐月对丈夫进行考核。一年不到，不堪重负的丈夫被逼疯了。

其实，现代社会很多人都会发现自己身上有小刘的影子。我们的生活离不开物质财富，但是物质财富却不是我们的生活的唯一目的，物质财富作为生活的唯一追求，必然离幸福越来越远。因为物欲是个无底洞，永远无法满足的。

几年前，中国社会科学院一位学者对"财富与幸福"的关系做过一项调查，调查表明：财富和幸福并不是一定成正比，现代人对于幸福的认定不再仅仅局限于个人财富这一指标，因为财富只能带来丰盈的物质、充裕的体验，但带走的可能就是健康的身体和自由支配时间的权利。

财富只是通向幸福的一种手段，但财富并不是幸福本身。人生是多元化的，人们幸福的实现方式也是多元化的。物质匮乏的年代，我们总认为一旦生活富裕了，幸福也就如约而至。然而当实现了财富上的自由，人们却发现，幸福越来越难。因为，为追求所谓的"幸福"，我们付出太多。要承受巨大的压力，要付出超人的时间和精力，付出与家人相处的时间和天伦之乐。当这一切到手，我们才发现，那些失去的，才是真正的幸福。

我们在生活中不妨多一份感恩，少一点烦躁和抱怨，少一些欲望，幸福就会多一些。

懂得感恩，生活会更美好

感恩，是对别人给予自己付出的回报，是一种豁达、阳光的人生态度，我们的生活因感恩而更精彩。

西方哲人康德曾说："世上只有两种东西令我感动，一个是仰望夜空时璀璨的星空，另一个是人世间至高无上的品德。"感恩是一种美，感恩是一种德，感恩是塑造完美德商指数的终极目标，也是我们快乐人生的追求。

生活当中，我们的努力不一定都得到认可，许多人或许因此而产生抱怨。然而，在经历过后，仔细想想，岁月的洗礼才能让自己逐渐走向成熟。这个时候，要感谢那些曾经让自己成长的人，是他们让我们走向成熟睿智。学会感恩，收获不一样的人生。

一个家庭条件极其困难的男孩为了积攒学费，挨家挨户地推销商品。他的推销进行得很不顺利，傍晚时他疲惫万分，饥饿难耐，绝望地想放弃一切。

走投无路的他敲开一扇门，希望主人能给他一杯水。

开门的是一位美丽的年轻女子，她笑着递给了他一杯浓浓的热牛奶。

男孩和着眼泪把它喝了下去，从此对人生重新鼓起了勇气。许多年后，他成了一位著名的外科大夫。

一天，一位病情严重的妇女被转到了那位著名的外科大夫所在的医院。大夫顺利地为妇女做完手术，救了她的命。

无意中，大夫发现那位妇女正是多年前在他饥寒交迫时给过他那杯热牛奶的年轻女子！他决定悄悄地为她做点什么。

一直为昂贵的手术费发愁的那位妇女硬着头皮办理出院手续时，在手术费用单上看到的是这样 7 个字——手术费：一杯牛奶。

这就是感恩的回报。懂得感恩的人生活总是充满温馨的，即使遇到困难他们也会化解。

生活需要一颗感恩的心来创造，一颗感恩的心需要生活来滋养。常怀感恩心，一生无憾事。翻开日历，一页页崭新的生活会因为我们的感恩而变得更加的璀璨。

俗语说：滴水之恩，当涌泉相报。感恩着生活，是一种善于发现生活中的感动并能享受这一感动的思想境界。感恩是一种处世哲学，是生活中的大智慧。人生在世，不可能一帆风顺，种种失败、无奈都需要我们勇敢地面对、旷达地处理。当挫折、失败来临时，不是一味地埋怨生活，从此变得消沉、萎靡不振，而是对生活满怀感恩，跌倒了再爬起来。

所有快乐的人都心怀感恩，不知感恩的人不会快乐，而你期望越多，感恩心就越少。在期望获得满足的一刹那，我们必须想到那绝不是必然的事，既然如此，感恩之心会增加我们的愉悦，也会使我们将来不至于不快乐。

在一个闹饥荒的城市，一个家庭殷实而且心地善良的面包师把城里最穷的几十个孩子聚集到一块，然后拿出一个盛有面包的篮子，对他们说："这个篮子里的面包你们一人一个。在上帝带来好光景以前，你们每天都可以来拿一个面包。"

瞬间，这些饥饿的孩子仿佛一窝蜂一样涌了上来，他们围着篮子推来挤去大声叫嚷着，谁都想拿到最大的面包。当他们每人都拿到了面包后，竟然没有一个人向这位好心的面包师说声谢谢，就走了。

但是有一个叫依娃的小女孩却例外，她既没有同大家一起吵闹，也没有与其他人争抢。她只是谦让地站在一步以外，等别的孩子都拿到以后，才把剩在篮子里最小的一个面包拿起来。她并没有急于离去，她向面包师表示了感谢，并亲吻了面包师的手之后才向家走去。

第二天，面包师又把盛面包的篮子放到了孩子们的面前，其他孩子依旧如昨日一样疯抢着，羞怯、可怜的依娃只得到一个比头一天还小一半的面包。当她回家以后，妈妈切开面包，许多崭新、发亮的银币掉了出来。

妈妈惊奇地叫道："立即把钱送回去，一定是揉面的时候不小心揉进去的。赶快去，依娃，赶快去！"当依娃把妈妈的话告诉面包师的时候，面包师面露慈爱地说："不，我的孩子，这没有错。是我把银币放进小面包里的，我要奖励你。愿你永远保持现在这样一颗平安、感恩的心。回家去吧，告诉你妈妈这些钱是你的了。"她激动地跑回了家，告诉了妈妈这个令人兴奋的消息，这是她的感恩之心得到的回报。

我们应该像故事中的小女孩那样怀着感恩的心去创造生活，一颗感恩的心同样需要生活的滋养。常怀感恩心，一生无憾事。生活会因为我们的感恩而变得更加的美好。拥有一颗感恩的心，即使身处逆境，也会化险为夷，有贵人来帮助我们渡过难关。

在生活中，好多人总是抱怨自己的不足，并因此而烦躁不已。一个人不管他有什么样的不足，但只要能怀有一颗感恩之心，就一定是个不断成功的人，一个生活幸福快乐的人。生活中，感恩无边：一句话语，一个行动，一点情怀，都能表达感恩之心。感恩无痕：一份努力，一点进步，都能传达一份真情和心愿。学会感恩，让我们的生活充满真情，充满爱心，充满温馨。

如果我们时时能用感恩的心来看这个世间，则会觉得这个世间很可爱、很富有！世界科学巨匠霍金曾说："我的手还能活动；我的大脑还能思维；我有终生追求的理想；我有爱我和我爱着的亲人与朋友；对了，我还有一颗感恩的心……"

然而，这位科学巨匠竟然是一个在轮椅上生活了 30 余年的高位瘫痪的残疾人。命运之神对霍金，在常人看来是苛刻得不能再苛刻了。可他仍感到自己很富有：一根能活动的手指，一个能思维的大脑……这些都让他感到满足，并对生活充满了感恩之心。因而，他不仅取得了事业上的成功，而且他的生活也是充实而快乐的。

在生活中，无不存在着值得感恩的地方。周围的人和物，日常生活中的大事小事，只要用感恩的心去面对，一切将变得那么美好！学会感恩，让你对生活多了份欣赏，多了份爱，少了份挑剔，少了份抱怨。感恩让人更加友善，让人更加平和。

感恩是获得幸福的源泉

幸福其实就是一种感觉。幸福的感觉来源于感恩，幸福的前提是拥有感恩的心。

每个人都希望自己生活得幸福，幸福是每个人的追求。然而，很多人穷其一生，想尽了一切办法还是没有实现，这是为什么呢? 原因是他们忽略了什么才能够幸福和快乐。能够让人幸福和快乐的源头是怀有一颗感恩的心。

史蒂芬·柯维给青年人的忠告：我们要学会感恩，感恩于祖国，感恩于父母，感恩于朋友，感恩于大自然……感恩一切，你的内心才会时刻充满温暖，活在感恩中，你才会幸福和快乐。

在现实生活中，我们总会遇到充满抱怨的人，"真倒霉，今天的天气怎么这么糟糕""今天运气真差，竟然碰见一个乞丐""天啊，钱包丢了，车子又坏了"……

这个世界对他们来说，永远没有快乐的事情，高兴的事被抛在了脑后，不顺心的事却总挂在嘴边。每时每刻，他们都有许多不开心的事，把自己搞得很烦躁，把周围的人搞得很不安。

其实，所抱怨的事并不是什么大不了的事，只是在日常生活中经常发生的一些小事情。但是，明智的人一笑了之。

懂得感恩，你会发现原来自己周围的一切都是极其美好的。一个人如果常怀一颗感恩的心，那么他就会感觉到什么叫幸福，并且随时能品尝到幸福的滋味，就会更加珍惜生活中的一切，就会觉得人生是十分美好的。只有心存感激，自己才会意识到处处有欢乐。

一个不知感恩的人，是一个不会懂得珍惜现在所拥有的人，他也永远不会感到幸福和快乐。这种人整天只会怨天尤人，心中充满烦恼。

一次，前美国总统罗斯福家失盗，被偷去了许多东西，一位朋友闻讯后，忙写信安慰他，劝他不必太在意。罗斯福给朋友写了一封回信："亲爱的朋友，谢谢你来信安慰我，我现在很平安。感谢上帝：第一，贼偷去的是我的东西，而没有伤害我的生命；第二，贼只偷去我部分东西，而不是全部；第三，最值得庆幸的是，做贼的是他，而不是我。"对任何一个人来说，失盗绝对是不幸的事，而罗斯福却从中找出了三条感恩的理由。

罗斯福即使家中失盗，他依然找出感恩的三条理由。我们就不必为生活的不如意而烦恼不已。

当我们身处逆境时，只要你保持一颗感恩的心，你就不会惊惶失措。我们正是因为失去才得到的更多，也正是因为坦然从容才摆脱了危险。因此，请不要对你的处境感到失望，感到悲观，认为全世界最不幸的人就是你。

常怀一颗感恩之心的人就会发现平凡的生活中处处充满幸福和快乐，即使遇到再大的灾难也能熬过去，因为他懂得珍惜。而那些常常抱怨生活，永远发泄他们怨气的人，就算在人人羡慕的地方工作，在舒适的豪宅里居住，他们也不会感觉到幸福。

俗话说："滴水之恩，当涌泉相报。"别人对我们的帮助，我们一定要谨记在心，懂得感激。因为别人的帮助不是"理所当然"的，世界上没有谁对你的帮助是理所当然的。这点点滴滴的都是人情，不但要心存感激，还应用同样的爱心去关怀别人。

史蒂文斯是一名在软件公司干了8年的程序员，正当他的工作得心应手时，公司却倒闭了，他不得不重新找工作。正遇微软公司招聘程序员，史蒂文斯信心十足地去应聘。凭着过硬的专业知识，他轻松过了笔试关，对两天后的面试，史蒂文斯也充满信心。然而，面试时考官的问题却是关于软件未来发展方向方面的，这点他从没有考虑过，因此他被淘汰了。他觉得微软公司对软件产业的理解，令人耳目一新，深受启发，于是给公司写了一封感谢信。"贵公司花费人力、物力，为我提供笔试、面试机会，虽然落聘，但通过应聘使我大长见识，获益匪浅。感谢你们为之付出的劳动，谢谢！"这封信后来被送到总裁比尔·盖茨手中。3个月后，微软公司出现职位空缺，史蒂文斯收到了录用通知书。十几年后，史蒂文斯凭着出色业绩，成了微软公司的副总裁。

正是史蒂文斯拥有一颗感恩的心才使他获得进入微软的机会，尽管这个机会来得有点迟。正如史蒂文斯在感谢信里所提到的，虽然面试失败了，但是公司给予他很多，让他大长见识。

懂得感恩是获得幸福的源泉。在生活中，如果我们每个人都不忘感恩，人与人之间的关系会变得更加和谐，更加亲切。我们自身也会因为这种感恩心理的存在而变得更加健康、愉快！

其实，世上再没有比活着更值得庆幸的。明白了这个道理，人生才会充满感恩，才会充满欢乐。其实，活着就值得庆幸，就应该感恩。

一天，一位乡下汉子在过桥时，不慎连人带拖拉机一头栽进一丈多深的河中。谁知，眨眼工夫，这位汉子突然从水里冒了出来，围观的人将他拉了上来。上岸后那汉子竟没有半丝狼狈的神情，却哈哈大笑起来。

人们惊奇了，以为他吓疯了。有人好奇地问他："笑啥？"

"笑啥？"汉子停住笑反问，"我还活着，连皮毛都没伤着，不值得笑吗？"

感恩并不只是一种心理安慰，也不是对现实的逃避，更不是阿Q的精神胜利法。感恩是一种积极的生活方式。假如在我们的心中培植一种感恩的思想，就可以消除很多的烦躁与不安，消融许多的不满与不幸。

古人说："知足者常乐。"贪得无厌的人永远不会快乐，因为他们只想着没得到的，从不对已得到的怀有感恩之情；而知足的人通常活得非常快乐。无论在什么情况下，因为他们有积极的心态，懂得感恩。当一个人学会用感恩代替抱怨时，美好的一切才开始向你招手，当你能以感恩之心去善待自己、善待他人时，你的事业、生活注定会充满阳光。

感恩，就是一种生活态度的表白，是热爱生活的体现，一种善于发现美和欣赏美的高尚品质。人生不如意事十之八九，如果囿于这种"不如意"之中，终日惴惴不安，那生活就会索然无趣。相反，如果我们拥有一颗感恩的心，善于发现平淡事物的美好，感受平凡中的美丽，那我们就会以坦荡的心境、开阔的胸怀来应对生活中一切的不如意，让原本平淡或黯淡的生活重新焕发出迷人的光彩。

行走在人生的道路上，我们不妨驻足片刻，欣赏一下沿途的风景，一路带着淡定的、从容的微笑，怀着一颗感恩的心。只要我们对生活充满了感恩之心，充满希望与热情，那么我们将会带着一颗感恩的心面对这个世界、对待自己的生活，我们的生活就会永远充满阳光。

内心有阳光，世界就充满光明

只要你的内心有阳光，你对生活就会充满希望，你的世界就会焕发出不一样的精彩。

俄国诗人普希金说："假如生活欺骗了你，不要忧郁，也不要愤慨。我们的心憧憬着未来，现实总是令人悲哀。一切都是暂时的，转瞬即逝，而那逝去的将变为可爱。"

面对不幸的事情，我们可以选择不一样的态度对待。选择往积极的方面，并做出积极努力，就一定会看见前方是一片阳光。

事物都是辩证的，站在不同的立场，便有不同的看法，正面的想法带来积极的效果，负面的想法带来消极的效果。乐观的人，在每一个忧患中看到机会；悲观的人，在每一个机会中看到忧患。

鲁滨逊太太这样描述她曾有过的经历：

美国庆祝陆军在北非获胜的那一天，我接到国防部送来的一封电报，我的侄儿——我最爱的一个人——在战场上失踪了。过了不久，又来了一封电报，说他已经死了。

我收到了这些电报，我的整个世界都粉碎了，我觉得再也没有什么值得我活下去。我开始忽视自己的工作，忽视朋友，我抛开了一切，既冷淡又怨恨。

就在我清理桌子、准备辞职的时候，突然看到一封我已经忘了的信——从我这个已经死了的侄儿那里寄来的信。是几年前我母亲去世的时候，他给我写来的一封信。"当然我们都会想念她的，"那封信上说，"尤其是你。不过我知道你会撑过去的，以你个人对人生的看法，就能让你撑过去。我永远也不会忘记那些你教我的美丽的真理：不论活在哪里，不论我们分离得多么远，我永远都会记得你教我要微笑，要像一个男子汉一样承受所发生的一切。"

我把那封信读了一遍又一遍，觉得他似乎就在我的身边，正在对我说话。他好像在对我说："你为什么不照你教给我的办法去做呢？撑下去，不论发生什么事情，把你个人的悲伤藏在微笑底下，继续过下去。"

于是，我重新回去开始工作。我不再对人冷淡无礼。我一再对自己说："事情到了这个地步，我没有能力去改变它，不过我能够像他所希望的那样继续活下去。"我不再为已经永远过去的那些事悲伤，我现在每天的生活都充满了快乐——就像我侄儿要我做到的那样。

正是侄儿的信使得鲁滨逊太太转变了对不幸的看法，使她从悲伤中走出来。从此，鲁滨逊太太内心充满阳光。

客观现实对任何人都没有差别。但一经各人"心态"诠释后，便代表了不同的意义，因而形成了不同的事实、环境和世界。心态改变，则事实就会改变；心中是什么，则世界就是什么。心里装着忧愁，眼里看到的就全是黑暗，抛弃已经发生的令人不痛快的事情或经历，才会迎来新心情下的新乐趣。

而当心灵的阳光洒向世界时，你会惊讶地发现，世界居然也像它一样纯净而美好，生机勃勃，充满希望。

太阳的光辉，能够温暖人的身体；心灵的阳光，却能够温暖人的内心。内心的阳光有一种神奇的力量，能在不知不觉中把爱和希望注满你的心房。

盲人音乐家阿炳的作品中，常常描绘他永远无法见到的阳光，而且逼真地写出了阳光所象征的勇气与希望。当有人问及原因时，他说："我虽然看不见大自然的阳光，但我每天都感受着心灵的阳光。它使我时刻觉得自己生活在光明中，生活在希望中。"

对于一个盲人来说，他并不能欣赏大自然的美，但他没有就此放弃，而是用一种坚强乐观的精神，坚定执著的追求，照耀自己的生命，终于达到了人生的辉煌。这就是心灵的阳光！

心灵的阳光，是一种源源不断的动力，一种勇气，一种信念，支持着你战胜挫折和孤独，让你的人生不断充值和增值。

现实生活中，有些人之所以在逆境中沉沦下去，甚至一蹶不振，不是因为他承受不了所遭遇的挫折，而是因为他无法面对挫折所带来的痛苦。其实他们只要做到内心充满阳光，以积极的心态面对人生，就会发现一切都没有他们想象中的那么可怕，完全可以迎刃而解。

海伦·凯勒是一个世界闻名的作家和教育家，在辉煌的成就背后，有多少人知道她的痛苦和悲惨呢？海伦·凯勒7岁那年，因为疾病而双目失明，并且耳聋了。

就因为这些苛刻的限制，使她的性格和行为变得非常暴躁和野蛮，甚至暴喜暴忧，阴晴无常，就像一个疯子。她的生命缺少了爱和光明。安·沙利文是给海伦·凯勒带来爱与光明的一位特殊的老师。安·沙利文用不同的方法去教海伦·凯勒学单词，让她一边接触事物，一边学习，对于那些抽象的单词如 think（想）、love（爱），安·沙利文只能引导她去体会，去感觉。对世界充满好奇和希望的海伦·凯勒爆发出一种令人难以想象的理解能力。终于，充满光明的词语世界向她敞开了大门。海伦·凯勒虽然看不到阳光，也听不到声音，但她心中的阳光使她自己的世界变得光明，同时，她用自己的文章也给我们的世界带来了光明。

心中有阳光，就有了一种力量，这种力量还可以照亮整个世界，温暖整个世界。世界上，有阳光就会有阴影，就会有阳光照不到的地方。阳光之下的阴霾，充满了人性的弱点——冷漠、自私、虚伪……

我们不仅可以用心中的阳光战胜挫折，而且可以用它照亮被人遗忘的角落。心中的阳光有一种神奇而伟大的力量，可以让人间顷刻变成天堂。心中有阳光，是心中有信念，有了信念，自己的心灵就美好纯洁；心中有阳光，是心中有爱，有了爱，世界就光明。心灵的阳光能够融化心灵的坚冰，抹平心灵的伤痕，让我们走出悲伤和痛苦的圈子。

如果我们每个人都能带着微笑心怀阳光，那时，我们发现自己真的改变了世界，世界因我们而变得光明起来。即使是平淡的生活，只要我们内心充满阳光，世界就会因此而光明。

远离烦躁，保持心灵的宁静

智者总是能够保持宁静的心灵，并以此克服生活中的烦恼和不幸。

人生在世，总要面对许多是是非非。许多时候，我们很难面对人世中的许多事情，由此使我们的心不能平静下来而变得烦躁不安。

当我们烦躁不安时，我们应该学会自省。通过自我反省使我们的心灵归于宁静。孔子说："吾日三省吾身。"也就是说，要学会过一种心灵的生活，时时和自己对话，反省自己的言行，倾听自然在心灵上留下的天籁。

西方一位哲人曾说："没有自省的人生，是不完整的人生。"因此，古人都特别讲究自省，因而活得很安然；而现代人却越来越看重自身以外的东西，于是很浮躁不安。现代心理学表明，不能保持心灵的宁静，就不会懂得如何与自己相处，也不知道如何与他人友好相处。

一个华冠丽服、趾高气扬的贵人，在出城的时候，看到一个衣衫褴褛、踽踽独行的哲人正在痛苦地思考着什么，就不无鄙夷地对哲人说："你何必苦思冥想，这样做能给你带来什么？"哲人回过头去，气定神闲地说："至少我得到了心灵的安静。"

在贵人眼里，苦思冥想是无法承受的痛苦，而对哲人来说，这是人生旅途一道不可或缺的风景。不要小看心灵的安静，心灵的安静能让人从容地面对一切，承担一切痛苦，享受所有幸福。

罗斯·李普曼是美国著名哲学家、文学家，他一直主张人类应该回归心灵的宁静。他认为，只有从内心深处，才能解读人生哲学。他曾记述自己年轻时的一件事，一位年老的智者，让他列出人生最美好和最重要的事物，当他列出了自己内心所向往的所有东西，爱情、才华、权力、财富和声望等，自认为已经囊括了生命中不可或缺的美好事物。无疑这是一份完美的人生答案，但是，智者却认为还缺少一样最重要的东西。

智者说，如果你缺少这一点，你拥有的所有美好东西，都会变成可怕的痛苦，成为你整个人生中，难以承受的沉重累赘。于是，智者将他所有答案划掉，然后郑重其事地写下了"心如止水"。智者的话语，让罗斯·李普曼懂得，世界上，能够拥有健康和名望的人不少，但是，只有心灵的宁静，才是上帝赐予人们的最后恩典，是上帝之爱的最好显示，而绝大多数的人，一生都未必能得到这份厚礼。

智者的教诲，成了罗斯·李普曼一生的座右铭，也让他成为一位真正的智者，一位牧师和心灵导师。他以人生的感悟告诉我们，任何物质财富，也不能换来心灵上的宁静。即使没有充足的物质，甚至没有健康的体魄，也能够长久保持心灵的安详。只要内心是安宁的，再困苦的生活，也阻挡不了追求幸福的乐趣；而一旦内心充满不安和躁动，即使拥有财富和权力，也会觉得生活索然无味。

生活就是这样，你如果不去寻找它的乐趣，烦恼就会找到你。生活的乐趣很简单，那就是守住心灵的宁静。守住一颗宁静的心，不是忘却一切，而是细细品味生活百态，于宁静中傻笑，于宁静中悲伤，让灵魂随流星而飘。不怨，不恨，也不悲，只是在宁静之中有份瞬间的对视，默默的守候。

保持平静的心灵，是一个人智慧的表现。一个人只有持久、耐心地加强自我控制的能力，才可以获得平静的心灵。一个人能够做到心态平和、内心宁静，表明他拥有丰富的人生阅历，能够洞悉思想的法则以及运作方式。

漫长的人生道路上，不论我们处于什么样的境况，只要我们的心灵经受过风雨的洗礼，我们就会认识到：在人生的海洋中，幸福就在前方向你招手，理想中的阳光彼岸在等待着我们的到来。我们要做的是坚定自己的思想，紧紧握住思想之舵勇敢前进。当心灵航船的船长疲惫地睡着时，我们的首要任务就是唤醒他。对我们而言，自我约束是力量，正确的思想是指挥，平静安宁则是能量。

陶渊明的曾祖父陶侃是东晋赫赫有名的大司马、开国功臣；祖父陶茂、父亲陶逸都做过太守。陶渊明生性淡泊，家庭贫困入不敷出的情况下，仍然坚持读书写诗。在出任江州祭酒时，关心百姓疾苦，但由于看不惯官场上的恶劣作风，不得不辞职回家。后来也陆续做过一些官职，但都是淡泊功名，为官廉政，不愿与官场同流合污，过着隐士的生活。

陶渊明最后一次做官，是义熙元年（405年）。那一年，他41岁，在朋友的劝说下，再次出任彭泽县令。到任81天，遇到浔阳郡派遣督邮来检查公务，浔阳郡的督邮刘云，以凶狠贪婪远近闻名，每年两次以巡视为名向辖县索要贿赂，每次都是满载而归，否则栽赃陷害。县吏说："当束带迎之。"就是应当穿戴整齐、备好礼品、恭恭敬敬地去迎接督邮。陶渊明叹道："我岂能为五斗米向乡里小儿折腰。"意思是我怎能为了县令的五斗薪俸，就低声下气去向这些小人贿赂献殷勤。说完，挂冠而去，辞职归乡。此后，他一面读书为文，一面躬耕陇亩。

陶渊明之妻翟氏，与他志同道合，安贫守节，"夫耕于前，妻锄于后"，朋友来访，不论贵贱，只要家中有酒，必与同饮。尽管生活贫困，但他始终不愿再为官受禄。陶渊明原本可以活得舒适，荣华富贵，至少衣食不愁，但那要以人格和气节为代价，于是他选择了艰苦但宁静而自由的田园生活。有得必有失，陶渊明获得了心灵的宁静与自由，人格的尊严；写出了具有独特风格并流传百世的诗文；为后人留下了宝贵的文学财富和弥足珍贵的精神财富。

陶渊明远离官场过着艰苦的田园生活，在官场中处处充满烦恼，而在田园中他却能保持心灵的宁静。

弗洛伊德说，人生比看上去晦暗、惨淡的表面现象要丰富得多；而将生活的表现当作生活的全部，这种看法是何等的荒谬与无知。每个人都在经历着两种人生，在表面的生活之下，还有一种更深刻、更真实的内在生活，从根本上支撑着我们，这就是心灵的生活。心灵的生活，往往决定着表面的生活，是一种无法压抑的主导力量。

因此，保持内心的安宁，是人类永恒的追求，是人生哲学最根本和最重要的事情，也是成就我们人生的基本前提。人类历史上所有伟大的哲人，从耶稣、释迦牟尼到苏格拉底、柏拉图，从孔子、老子到圣雄甘地，虽然他们的学说、主张各有不同，但是，他们的思想，都表现出一种崇高的胸怀，那就是人类心灵的宁静。

周国平先生说："人生最好的境界是丰富的安静，安静，是因为摆脱了外界虚名浮利的诱惑。丰富，是因为拥有了内在精神世界的宝藏。"

如果你正享受幸福，那么就想方设法让幸福之泉汩汩流淌永不停息吧；如果你正遭受痛苦，那么试着调整心态，细数阳光，静观浮云，让躁动的心灵安静下来吧。

控制自我，遇事不要发怒

一个智慧的人必定是一个自控能力很强的人，自控能力强的人即使身处逆境也能保持风度。

德国哲学家康德曾说："生气是拿别人的错误来惩罚自己。"中国古代有"唯恕平情""德行以收敛沉着为第一"的教训。美国托马斯·杰弗逊谈到制怒的方法时，他说："假如怒火中烧，那就数到一百，直到把火压下去。"

控制自我并不是说不能发泄情绪，也不是不能发脾气，因为过度压抑会适得其反。良好的自控能力是指遇事不要情绪化，放任情绪发展，而是要适度节制，这是一种很可贵的品质。

古今中外，凡是成大事者，必然是一个能够很好控制自我的人。

张良是西汉高祖刘邦的军师，他的祖先是韩国人。在秦灭韩后，张良立志为韩国报仇。有一次，因刺杀秦始皇未遂，受到追捕而避居到下邳。

张良在下邳闲暇无事。有一天他到下邳桥上散步，碰到一个老人，穿着粗布短衣，走到张良旁边，故意把他的鞋子掉到桥下。然后回过头来冲着张良说："孩子，下桥去给我把鞋子拾上来。"张良听了一愣，很想打他一下，但一看他是个老人，就强忍着怒气，到桥下把鞋拾了上来。那老人竟又命令说："把鞋子给我穿上。"张良一想，既然已经给他拾来了鞋子，不如就给他穿上吧，于是就跪在地上给他穿鞋。那老人把脚伸着，让张良给他穿好后，就笑嘻嘻地走了。张良一直用惊奇的目光注视着他的去向。那老人走了里把路，又折回身来，对张良说：

"你这个孩子是能培养成才的。5 天以后的早上，天一亮，就到这里来同我会面！"张良跪下来说："是。"

第五天天刚亮，张良到了下邳桥上。不料那老人已经等在那里了，见了张良就生气地说："和老人约会，怎么迟到了？以后的第五天早上再来相会！"说完就离去了。又到第五天早上，鸡一叫，张良就赶去，可是那老人又等在那里了，见了张良又生气地说："怎么又掉在我后面了？过了五天再早点来！"说完又走了。再到第五天，张良没到半夜就赶到桥上，等了好久，那老人也来了，他高兴地说："这样才好。"然后他拿出一本书来，指着说道："认真研读这本书，就能做帝王的老师了！过 10 年，天下形势有变，你就会发迹了。以后 13 年，你就会在济北郡谷城山下看到我——那儿有块黄石就是我了。"老人说完就走了。

早上天亮时，张良拿出那本书来一看，原来是《太公兵法》（辅佐周武王伐纣的姜太公的兵书）！张良十分珍爱它，经常熟读，反复地学习、研究。最终，张良成为西汉开国功臣。

在楚汉之争中，项羽之所以失败，是因为项羽是一个动不动就发怒的人。而张良辅佐刘邦进退自如，从容不迫地夺取了统治权。因此，宋代大文豪苏东坡在《留侯论》里称赞张良："古之所谓豪杰之士者，必有过人之节。人情有所不能忍者，匹夫见辱，拔剑而起，挺身而斗，此不足为勇也。天下有大勇者，猝然临之而不惊，无故加之而不怒。此其所挟持者甚大，而其志甚远也。"

一个人在生活中经常遇到不顺心的事，有的人因此大发雷霆，结果把事情搞得越来越糟。而有的人则能理性地控制自我，从容淡定地面对各种棘手的问题。

发怒是一种极为糟糕的坏习惯，它给人的身心造成极其严重的伤害。

我们在日常的工作、学习和生活中时刻都体会到它的存在给我们的心理和生理上带来的变化。发怒所引起的消极情绪具有很强的感染性，它不仅有害健康，而且会干扰人的理性判断，也正是工作和生活的大忌。

林则徐的父亲林宾日是一名教师，因此他很注意对儿子的早期教育。林则徐自幼聪颖，4岁入私塾读书，7岁学习作文，成绩往往超过同龄孩子。林宾日对此深感欣慰，觉得儿子将来必能成就一番事业。

但是，随着时光的流逝，林宾日越来越感到儿子的性格发展很不正常，小小的年纪却喜怒无常，顺利时洋洋自得，遭受挫折时便烦躁不安。林宾日认为一个人成才不仅靠智力超人，学习突出，还要取决于他的人品。于是林宾日苦思冥想，终于找到了教子的方法。首先，他平日注意自己的言行，遇事不怒，待人和蔼，为人处世谦恭谨慎。即使儿子犯了错误，他也决不以"长"压人。林宾日的言行使林则徐受益匪浅。

另外，林宾日还十分重视用暗示法来教育儿子。有一天，父亲回到家脸色与往日不同，林则徐问父亲今天遇到了什么不顺心的事情，何以面无喜色。父亲借机给他讲了一个"急性判官"的故事：某官以孝著称，对不孝之子绝不轻饶，必加重处罚。一日，二贼入户盗得一头耕牛，又把此家的儿子五花大绑押至县衙，向县官诉其打骂父母不孝之罪。该官一听儿子竟然打骂父母，犯下不孝之罪，于是不问青红皂白喝令衙役杖责50大棍。正在此危急关头，这家老母跌跌撞撞赶来，跪在县官面前，声泪俱下央求县太爷棍下留人，还要靠儿子养老送终呢。老母把儿子的孝道说给县太爷听。县官听罢，追悔莫及。这时才想起找两贼人算账，可两贼人早已逃得无影无踪了。

这个故事以及父亲身教的良苦用心，给林则徐留下了终生难以磨灭的印象。后来林则徐做了高官，他在府衙里总是挂着一块牌匾，上书"制怒"两个大字，以此鞭策自己，警示自己。

人生旅途中，总是遇到一些看着不顺眼的、看着生气的事情。由于不合自己的心意，于是很多人就产生了嗔怒心，就发火、发怒，结果使得自己整天生活在愤怒与烦躁中。许多功成名就的人多是年轻时盛怒容易发火，后来受人指点或自己感悟，逐步变成了谦谦君子，最后取得成功。

不良情绪是人性的一大弱点，每个人都避免不了不良情绪，这是一种心理病毒，它比其他身体疾病更加厉害，它能摧毁人的一生。学会控制自我，这样才能靠近幸福与快乐。

善待他人就是善待自己

财富和荣誉并不能决定你的幸福，幸福取决于你对他人的态度。

孟子曾经说过："君子莫大乎与人为善。"与人为善是一种高贵的品德，它不仅给他人带来帮助，也会让我们收获幸福。

那些慷慨付出、不求回报的人，幸福与成功往往会与他们不期而遇；那些自私吝啬、斤斤计较的人，不仅找不到合作伙伴，甚至有可能成为孤家寡人。

"与人为善"通俗地讲也就是"善待他人"，"善待他人"简简单单的四个字，做起来却不是一件容易的事，它包括相当广泛的内容。如：关心他人，当朋友遇到困难的时候主动伸出友谊之手；尊重他人，不去探究他人的隐私，不在背后议论他人；善于和别人沟通、交流，善于和那些与自己兴趣、性格不同的人交往；承认别人的价值，负起自己该负的责任……总的说来，善待他人最重要的原则就是"己所不欲，勿施于人"。凡事要从对方的角度来考虑，遵从这个原则，你将获得许多好朋友、好伙伴。

有句话说得好："幸福并不取决于财富、权力和容貌，而是取决于你和周围人的相处。"你想做个幸福快乐成功的人吗？那么就从善待他人开始吧。

中国有句古语："送人玫瑰，手留余香。"对人多一份关爱，其实就是支持和帮助自己，关爱他人就是善待自己。最不容易善待的人往往是最需要善待的人。善待他人就是无害人之心，就是与人为善，就是成人之美。

每个人都离不开社会，每个人的生存与幸福都离不开他人。人生在世，每时每刻都在和别人打交道。与人打交道，实际上就是自己怎样对待别人和别人怎样对待自己。人与人友好相待，给个人、家庭、社会带来了友谊、成功、进步和幸福；人与人不能友好相待，则造成了各种各样的个人悲剧、家庭悲剧和社会悲剧。这些经验与教训使得今天的人们有了一个共识，人与人之间应该相互好好对待，就是人们常说的"善待他人"。

一个人与别人打交道，要么善待他人，要么不善待他人，没有其他的选择。两相比较，无论对自己、对别人还是对社会，善待他人都是一种比较好的选择。实际上，除非发生了什么特殊的情况，人们很少会无缘无故地亏待一个人甚或坑害一个人。所以，一方面，人们在日常生活实践的推动下，自觉不自觉地趋向善待他人；另一方面，社会和文明的进步促使人们作出善待他人的选择。

与人方便自己方便，善待他人也就是善待自己。

洛克菲勒年轻的时候一无所有，像当时许多年少无知的人一样，到处流浪，得过且过。不过，洛克菲勒怀有十分远大的理想，他期望自己有一天能够有一笔任由自己支配的巨大财富。

带着这个伟大的梦想，洛克菲勒来到了距离家乡很远的一个偏僻小镇。在这个小镇上，洛克菲勒结识了镇长杰克逊先生。

洛克菲勒住的小旅馆就离镇长杰克逊家不远。每当洛克菲勒站到旅馆旁的大门前向远方遥望时，他都会看到镇长家门口的那片长满各色鲜花的花圃。

一天，小镇下起了雨。当他走出旅馆大门的时候，他看到镇上来来往往的人们已经把镇长家门前的花圃践踏得不成样子了。洛克菲勒为此感到气愤不已，他真为镇长和这些花朵感到惋惜，于是他站在那里指责那些路人的行为。可是第二天，路人依旧踩踏镇长家门前的那片可怜的花朵。第三天，镇长拿着一袋煤渣和一把铁锹来到了泥泞的道路上，他用铁锹把袋子里的煤渣一点一点地铺到了路上。一开始洛克菲勒对镇长的行为感到不解，他不知道镇长为什么要替这些践踏自己家花圃的路人铺平道路。可是很快他就明白了镇长的苦心，原来有了铺好煤渣的道路，那些路人再也不用踩着花圃走过泥泞的道路了。

洛克菲勒最后还是离开了这个小镇，不过他知道，自己再也不是一无所获地离开了，他带着镇长杰克逊告诉自己的一句话从从容容地踏上了追求梦想的道路，那句话就是"善待别人就是善待自己"。直到成为闻名于全美的石油大王，洛克菲勒依然牢牢地将这句话铭记在心中。

任何一个人的存在，都是以别人的存在为前提、为条件的，一个人只有善待他人，自己才能存在，才能做成人，就是说，一个善待别人的人才真正是人，才具有人的尊严和神圣，才在社会生活中享有人的资格与权利。所以，善待他人实际是在善待自己，是在不停地为自己创造和争得人的尊严、资格、神圣和权利。

人不只是一种物质存在，而更重要的是一种精神存在。人有永恒的社会追求与精神追求，希望使社会精神、人的精神、人的生活和人自身日趋完美。另一方面，在这个追求不断进步、不断完美的过程中，有着许许多多的困难和障碍，老百姓常说"人生有九九八十一难"，就是这个意思。

人生一世，无论是谁，都会遇到坎坷与挫折，人与人之间相互善待，是我们对付这"九九八十一难"最可靠的保障之一。

善待他人是人们幸福的源泉。人们追求的幸福各式各样，世界上的幸福千种万种，但实践表明，能与人生共长久的是精神幸福，而真正能经得起时间筛选的精神幸福，是因善待他人有益于社会而获得的幸福。

赞美让内心宁静，嫉妒让心情烦躁

每个人都希望得到别人的赞美，赞美像一缕阳光，给人带来温暖和信心。真诚恰当地赞美别人，不仅是对别人的肯定，还是对别人的认可和尊重。真诚地赞美别人不仅会使得对方身心愉悦，还会帮助你建立良好的人际关系。而现实生活中，很多人对他人的成就和长处不是欣赏而是嫉妒。嫉妒是心灵的肿瘤，是一种很不健康的心理。嫉妒的人常自寻烦恼，既损人又害己。克服嫉妒，学会欣赏，你才能打开烦躁的枷锁。

赞美是照在人心灵上的阳光

每个人都希望得到别人的赞美，赞美像一缕阳光，给人带来温暖和信心。

英国戏剧家莎士比亚说："赞美是照在人类心灵上的阳光。没有阳光，我们就不能健康成长。"每一个生命个体都需要被重视、被欣赏、被呵护；每个人也都有值得他人赞赏的长处和优势。多一份关心，多一些赞美，心灵就多一份慰藉，生活就多一份舒展，生命因此多一份自信和温暖。

有位企业家说："人都是活在掌声中的，当部属被上司肯定、受到奖赏时，他就会更加卖力地工作。"人人都渴望得到他人的赞美，无论是咿呀学语的孩子，还是白发苍苍的老翁，因为人任何时候都有一种被人肯定，被人赞美的强烈欲望。"赞美"是一种溢于言表的热情和鼓励，同时也是改善和优化我们人际关系的关键所在。

卡耐基曾说过："当我们想改变别人时，为什么不用赞美来代替责备呢？纵然部属只有一点点进步，我们也应该赞美他。因为，那才能激励别人不断地改进自己。"

　　在非洲南部的巴尔姆巴族中，至今仍保持着一种古老的生活仪式。当族里的某个人犯错误的时候，族长会让犯罪者站在村落中央，公开亮相。那时，整个部落的人都会放下手中的工作，从四面八方赶来，用赞美来洗涤他的心灵。围上来的族人从年长的开始发言，依次告诉犯错者，他有哪些优点和善行、曾经为部落做过哪些好事。叙述时既不能夸大事实，又不能重复别人已经说过的赞美。整个赞美仪式，要持续到所有族人都将正面的评语说完为止。在这种赞美声中，犯错者感觉到灵魂的洗礼，重新看到向善的方向……

　　几千年来，巴尔姆巴族部落的人相依为命，他们互助互爱，不分彼此。因赞美而焕发出来的凝聚力，让族人们相濡以沫，经受住非洲恶劣的自然条件的考验，代代繁衍生息。

　　人与人交往中，适当地赞美对方，会增强和谐、美好和温暖的感情。赞美具有极不可思议的力量，就像乏味的空气飘来一丝玫瑰花的清香一样沁人心脾。

　　人类本性最需要的是别人的欣赏，赞美不仅可以使人振奋、愉悦甚至可能因为一句赞美的话语而改变一生。许多优秀的运动员及杰出的音乐家，大多数是因参与各种活动时表现优秀，受到赞美，而在日后从事的专业领域激发出一股强大的自信与冲动而爆发出惊人的潜力。

　　多年前，一个伦敦的孩子在一家布店当店员，早上5点钟他就要起床，打扫全店，每天干十几个小时的工作，那简直是苦工、奴隶。两年后，男孩再也不愿忍受了，一天早晨起床后，男孩连早餐都没吃，跑了13里路，去找他在别人家里当管家的妈妈商量。他一边哭泣，一边发狂地向妈妈请求不再做那份工作了，并发誓，如果再留在那店里，他就要自杀。而后，他又给老校长写了一封言辞悲惨的信，说明他心已破碎，不愿再生。他的老校长看信后，给了他一点赞美，诚恳地对他讲，他实在是很聪明，应该适于更好的工作，并给他一个教员的位置。从此，那个赞美改变了那个孩子的未来。后来他在英国文学史上，因创作了 76 本书，留下了永久的形象。他的名字就是韦尔斯。

英国首相丘吉尔说过："你想让别人身上有什么样的优点就赞美他吧！"但是在现实生活中，很多人却不愿意赞美别人，担心公开赞美别人被误解为"拍马屁"，认为赞美是伪君子，讨好别人的伎俩。其实，真诚的赞美与虚伪的谄媚之间是有本质区别的：真诚的赞美是发自内心的，而虚伪的谄媚是口是心非的；真诚的赞美是实事求是的，而虚伪的谄媚却是夸大其词的。

赞美只有真诚还是远远不够的。赞美也要讲究方式技巧，因为人与人是不同的，没有谁会喜欢千篇一律的赞扬话。简单介绍赞美的几种方式技巧，希望能对读者有所帮助。

在 19 世纪初期，伦敦有位年轻人想当一名作家。他好像什么事都不顺利。他几乎有 4 年的时间没上学。他的父亲因无法偿还债务，被迫入狱，而这位年轻人还时常遭受饥饿之苦。最后，他找到一份工作，在一个老鼠横行的货仓里贴鞋油底的标签，晚上在一间阴森寂静的房子里，和另外两个男孩一起睡。就在这个货仓里，他写稿寄出去，可是一个接一个的稿件被退回，最后有一位编辑承认并夸奖了他。由于这句夸奖，使他受到了极大的激励，眼泪流到了他的双颊。这个男孩的名字叫查尔斯·狄更斯。

正是那位编辑真诚的赞美，使得身处困境的狄更斯看到了光明，看到了希望。那位编辑的赞美对狄更斯来说恰如"雪中送炭"。最终，狄更斯成为世界鼎鼎有名的大作家。这就是妙语激励的神奇效果。

我们应该善于发现别人长处，善于赞扬别人优点。然而，赞美绝不是单方面的给予和付出，同时我们也会得到很大的收获。赞扬别人，也会得到别人的赞美，同时，也会激励自己。

"赞美"是发自内心深处的一种欣赏和热爱，它反映的是一个人对另一个人的认可。人们最渴望的是真诚的赞美，真诚的赞美发自于每个人的心里，只有从内心深处发出来的赞美，才能感动人，让人信服。一个懂得赞美的人，他的内心必定是充满阳光的。

懂点技巧，多在背后赞美他人

赞美是对别人最好的欣赏，如果你欣赏别人，请你多在背后赞美别人吧。

懂得赞美别人固然是件好事，如果掌握一点赞美的技巧就会让你的赞美达到事半功倍的效果。

真诚直接赞美别人，固然受人欢迎，但如果用词不当，就可能使赞美之词沦为阿谀奉承，给对方留下不好的印象，让人觉得你的赞美之词太露骨、太肉麻。如果你担心出现这样的结果的话，那么最好采取间接的赞美方式，着重表达自己对某一类人或物的赞美，同样会收到不错的效果。这样无论使用怎样的溢美之词，都不会显得过于露骨和肉麻，而对方又能同样领会到你的赞赏之情。赞美是一种学问，其中的奥妙无穷，但最有效的赞美就是在第三者面前赞美对方。

要做到从容自如、得心应手地通过间接的方法赞美别人，还是要讲究一些技巧的。赞美是一门艺术，技巧性很强。就像画画一样，胡乱涂鸦的人都会涂上几笔，但要画一幅完整的作品，就没那么容易了。

背后赞美他人

恰当的赞美能产生意想不到的效果，然而，最有效的赞美并不是直接的称赞，而是在背后赞美他人。比如，你当着上司和同事的面赞美上司，你的同事一定会认为你在讨好上司，拍上司的马屁，从而引起周围同事的反感。而假如你在上司不在场的时候，说一些赞美上司的话，这不仅不会让同事觉得你是在拍马屁，而且你的赞美，很快就能传到上司的耳朵里。

在好多情况下，尤其是在公共场合，当你直接赞美对方时，对方极可能以为那是应酬话、恭维话，目的只在于安慰自己罢了。若是通过第三者来传达，效果便截然不同了。此时，当事者必然认为那是认真的赞美，毫不虚伪，于是真诚接受，对你感激不尽。如果这个人是你的下属，在深受感动之下，他会更加努力工作，以报答你的"知遇"之恩。

在《红楼梦》中有这样一段描写：本来宝玉就是一个追求自由，受不得半点约束的人，史湘云、薛宝钗却用心良苦地劝宝玉好好学习，以后做官，宝玉对此大为反感，对着史湘云和袭人赞美黛玉妹妹说："林姑娘从来就没有说过这样的混账话！要是她也说这些混账话，我早就和她生分了。"

恰巧黛玉此时走到窗下，听到了宝玉对自己的赞美，"不觉又惊又喜，又悲又叹。"之后宝玉和黛玉二人互诉衷肠，更加亲密无间。在黛玉看来，宝玉在背后赞美自己，而且不知道自己会听到，这种赞美就是发自内心的。如果宝玉当着黛玉的面说这样的好话，生性多疑的黛玉可能会认为宝玉是在讨好她或打趣她。

　　由此可见，背后说别人好话明显要比当面恭维别人效果好得多。你完全不用担心你所赞美的人会听不到你的赞美，相反，你对对方背后的赞美，很容易就会传到对方的耳朵里，对方也会因此对你另眼相待。

　　再比如，如果你和对门的女主人关系不错，你很欣赏她的厨艺，如果你在别的邻居面前夸奖她："我家对门的张太太厨艺一流呢。"这话如果以另外一种方式传到张太太那里，"某某说你的厨艺很棒啊。"同一件事情直接听到或经由他人告知，对听者来说效果大不一样。

　　背后赞美别人，显得你更为真诚，不带有功利性的目的。即使你只是"无意"中说了别人的好话，对于你这种由衷的赞叹，可以想象被赞美者"辗转"听到你的赞美之词，心里该是多么的激动和高兴。

　　试想一下，如果有人告诉你，某某人在背后说了许多许多你的好话，你会不高兴吗？这种赞美，如果当着你的面说给你听，或许适得其反，让你感到虚假，或者疑心他不是出于真心。为什么间接听来的便觉得特别悦耳动听呢？那是因为你坚信对方在真心地赞美你。

借第三者的口吻赞美对方

　　在一般人看来，"第三者"所说的话相对比较公正、实在。因此，聪明的赞美方式是以"第三者"的口吻来赞美，如此更能赢得被赞美者的好感和信任。

　　德国历史上著名的"铁血宰相"俾斯麦，当时为了拉拢一位敌视他的议员，便故意在别人面前赞美这位议员。俾斯麦知道，那些人听了自己对这位议员的赞美后，一定会将话传给他。果然不久，这位议员和俾斯麦成了不错的政治盟友。

　　在背后说人好话的策略中，由第三者传送好话是非常有效的好方法。

这种方法不仅能使对方愉悦，更具有表现出真实感的优点。假如有一位陌生人对你说："某某朋友经常对我说，你是位很了不起的人！"相信你感动的心情会油然而生。因为这种赞美比起一个魁梧的男人当面对你说："先生，我是你的崇拜者。"更让人舒坦，更容易让人相信它的真实性。

以面代点式的赞美

这种赞美方式也是不直接赞美对方，而是针对对方的优点，赞美其优点所在的层面。这样以面代点，言在彼而意在此，不露痕迹，却能让对方如沐春风。

钱锺书先生所著的《围城》中的方鸿渐就是这样一位高手。他经苏小姐介绍认识了苏小姐的表妹唐晓芙。唐晓芙说自己是学政治的，这让方鸿渐了解到了一个自己还算内行的信息。因此对唐晓芙夸赞道："女人原是天生的政治动物，虚虚实实，以退为进，这些政治手腕，女人生来就全有。女人学政治，那正是以后天发展先天，锦上添花了。曾有一种说法，说男人有思想创造力，女人有社会活动力。所以男人在社会上做的事该让给女人去做，男人好躲在家里从容思想，发明新科学，产生新艺术。我看此话甚有道理，女人不必学政治，而现在的政治家要想成功，都得学女人。政治舞台上的戏剧全是反串。老话说，要齐家而后能治国平天下，请问有多少男人会管理家务的？管家要仰仗女人，而自己吹牛说大丈夫要治国平天下。把国家社会全部交给女人有多少好处。"

在背后赞美别人，是对他人优点、长处的肯定，必要时，好话还可以是公道话、一种辩护，在背后为别人说的公正的话也折射出了赞美者的大度与真诚。一个能自然地在背后赞美他人的人，必然也是能受到他人赞赏的。他的心中没有利害关系的操纵，坦荡自如，自然以善意的姿态去对待他人。

真诚坦白地直接赞美别人，固然能取得效果，但是背后赞美则能收到更好的效果。因为那样的赞美更真实，是真正发自内心的。

真诚自然的赞美最感人

真诚自然是赞美的重要原则，只有真诚自然地赞美才能打动人心。

赞美要发自内心，要真诚。这样的赞美就像温暖的阳光，使人温馨，使人感动。赞美的话要说到对方心坎里，这样对方才容易接受，才能起到赞美的效果。每个人都有许多优点和个人的特色，如果你的赞美符合他的优点和特色，基本符合事实，则你的赞美是真诚的。假如你的赞美根本不符合事实，只是随口凭空捏造，则成了"虚伪"。

赞美是你对别人真实的肯定和欣赏，只有发自内心的赞美才是尊重对方，如果只是为了敷衍或实现某个目的违心地去赞美别人，那么你的赞美就难以真诚。而不真诚的赞美是很容易被识破的。

一天，父亲带着希拉里在郊区公园散步。希拉里看见一个很滑稽的老太太。天气很暖和，老太太却紧裹着一件厚厚的羊绒大衣。

希拉里对父亲说："爸爸，你看那位老太太的样子多可笑呀。"

父亲的表情显得特别的严肃。他沉默了一会儿说："希拉里，我突然发现你缺少一种本领，你不会欣赏别人。这证明你在与别人的交往中少了一份真诚和友善。"

父亲接着说："我和你相反，我很欣赏那位老太太。你看她的表情，她注视着树枝上一朵清香、漂亮的丁香花，表情是那么的生动，你不认为很可爱吗？她渴望春天，喜欢美好的大自然。我觉得这老太太令人感动！"

父亲领着她走到那位老太太面前，微笑着说："夫人，您欣赏春天时的神情真的令人感动，您使春天变得更美好了！"

那位老太太似乎很激动："谢谢，谢谢您！先生。"她说着，便从提包里取出一小袋甜饼递给了希拉里，说："你真漂亮……"

事后，父亲对希拉里说："一定要学会真诚地欣赏别人，因为每个人都有值得我们欣赏的优点。当你这样做了，你就会获得很多的朋友。"

真诚的赞美不仅会使对方身心愉悦，还可以使你经常发现别人的优点，从而使自己对人生持有乐观、欣赏的态度。

英国专门研究社会关系的卡斯利博士曾说过："大多数人选择朋友都是以对方是否出于真诚而决定的。"每个人都珍视真心诚意，它是人际交往中最重要的尺度。真诚的赞美他人会让你赢得更多的朋友。

真诚是人际交往的重要原则，你如果缺乏真诚，那么要与他人建立良好的人际关系是不可能的。赞美他人也是如此，如果你的赞美不是真心诚意的，对方就不会接受这种赞美，甚至怀疑你的意图。因为人性中有一个优点，就是"无功不受禄"。如果你毫无根据地赞美一个人，他不仅感到费解，还会莫名其妙，觉得你油嘴滑舌，有诡诈，想利用他，进而引起他对你的防范。

所以，在赞美他人时，要避免引起对方的误会，你不可夸大其词地奉承别人，你必须确认你所赞美的人"确有其事"，并且要有充分的理由去赞美他。赞美他人必须诚心，对他人的优点和长处你必须是真心真意地佩服。虚情假意的赞美让人产生反感的情绪，甚至以为你在讽刺人家。

比如，你想赞美一位容貌出众的女士，你可以对她说："你真美。"这样她可能会感激你对她的赞美；但如果你对一位其貌不扬的女士说这句话，则可能会引起她的反感。同样，如此赞美你所熟识的女性，对方会很愉快地接受，而你如果用这种方式去赞美一位陌生的路人，对方一定会怀疑你心术不正，因为你与对方素不相识，对方觉得你没有理由去赞美她。

赞美他人是要把握好分寸的，如果过了这个"真诚"的度就不再是赞美而是奉承拍马了。

奉承容易让人遗忘，而真诚的赞美却令人终生难忘。

中央电视台体育评论员宋世雄老师以他丰富的知识、敏锐的洞察力、精辟的解说受到了全国人民的深深喜爱。有一次，宋世雄打"面的"到中央电视台转播都灵队对国际米兰的一场比赛，"面的"司机王永臣将他送到电视台后对他说："宋老师，转播完球赛都深夜一点了，您怎么回去呢？我夜里一点再回来接您。"普普通通几句话，没有任何精美的修饰，但却表现了他对宋世雄的敬佩之情、赞美之意，感人肺腑。宋世雄也深受感动，多年以后他还说："人生当中，还有什么比这种真挚的友情更珍贵呢？"

赞美不同于奉承。赞美是发自内心的，绝不能别有用心；同时，赞美是充分肯定别人的优点和长处，是为满足别人对于尊重和友爱的需要，从精神上给别人以激励和鼓舞。而奉承他人则是宁肯牺牲自己的尊严去恭维人，是出于某种自私的企图，明显的是趋炎附势，巴结讨好权威。正如卡耐基所说："奉承是从牙缝中挤出来的，而赞美是发自心灵的。"

虽然奉承者在"赞美"他人的时候，竭尽表现自己的真诚，但却有几分不自在，这种刻意的真诚是做作的；他的词语是火辣辣的，但他的内心却是一片冰冷。这种人在赞美一个人的时候，心里想着的只是如何顺利办完与自己利益攸关的事，如何获得自我的满足。

真诚的赞美是本着实事求是的原则，而奉承则是过分夸张，甚至凭空捏造地吹捧。一个真诚的人，在赞美别人的时候，表达极为恰当。他们知道哪些应该赞颂，哪些应该提醒注意，哪些应该反对。在他们看来，真正的十全十美是不存在的，事物不存在完美，人更不存在十全十美。

在人际交往中，赞美他人不可少。赞美他人时，一定要牢记真诚的原则。唯有真诚的赞美才能温暖人心，唯有真诚的赞美才能让你建立良好的人际关系。

一句普普通通的赞美有时可以改变一个人的一生。不管是普通的人，还是一个伟大的人，都希望听到别人一句赞美的话。赞美不是虚伪的奉承，不是夸大其词的吹捧，赞美是真诚的鼓励。一句真诚的赞美可以激励一个人的一生，同样也可以使你赢得友谊的阳光。

懂得欣赏他人也是一种美德

欣赏别人是一种美德，是一种难得的处世之道。欣赏别人是快乐的，被人欣赏是幸福的。

我们每个人在成长过程中，都希望得到别人的欣赏和认可。欣赏能够激发我们的活力，使我们产生前进的动力。得到他人的欣赏，就是得到一种肯定和激励，得到了一种慰藉和力量。懂得欣赏他人，就是知道尊重和关爱他人、知道看到他人的长处。

美国心理学家詹姆斯说："人性最深刻的原则是渴望得到赏识，并以得到赏识为满足。"在生活中，我们每一个人，都渴望被他人赏识。我们同样也要懂得欣赏他人，懂得欣赏他人，是一种做人的美德和智慧。人生活在社会中，彼此之间难免存在利益的差别、思想的分歧，但更具有一致的目标、相通的感情，更需要相互的支撑、相互的理解。

俗话说："尺有所短，寸有所长。"在我们的周围，并不缺乏值得欣赏的人和事，无论是上级、同事，还是下属、朋友、亲人，都有可以欣赏的亮点，都有可以学习的地方。孔子说："三人同行，必有我师。"讲的就是这个道理。

一个人懂得欣赏别人，在把慰藉和力量给了别人的同时，也把激励和鞭策给了自己。因为在欣赏他人的过程中，自己往往也能以人为镜，看出不足，找出差距，从而不断提高素质能力和修养水平。

一天，刘墉的女儿小帆翻看星座书，书上说，她和双子座还有天秤座的人最为相合。小帆十分不解，因为她的一个叫珍妮的同学就是双子座，小帆并不喜欢她，还有一个同学叫玛丽，是天秤座，小帆同样也不欣赏她。于是，刘墉开始了和女儿小帆的讨论。

"双子座的人有什么优点？"

"他们聪明，善于变化。"

"天秤座的人有什么优点？"

"没有！他们很懒！"

"可是懒就完全不好吗？他们稳重，不容易冲动。所以，我们身边的朋友，不见得非要和我们完全一样，他们甚至可以和我们完全相反，这样相互之间才可以互补促进。"

刘墉接着告诉女儿："我们周围存在着很多人，每个人都是一个独特的个体，有与众不同的特质。每个人身上都有自己的优点和缺点，我们自己也一样。所以，当我们看待别人的时候，首先要想到对方有哪些优点是我们所不具备的，我们可以向他学到什么。"

"别人的短处，也许正是你所擅长的；别人的长处，也许正是你的短处。"

因此，这个世界上的每个人都可以成为我们的朋友，只要大家相互欣赏，相互帮助，取长补短，不仅能够建立和谐愉悦的人际关系，也会使我们在人生的道路上左右逢源。

世界是丰富多彩的，欣赏良辰美景能使我们的心灵充满愉悦，欣赏精品佳作能够使我们人生的境界得到提升。人与人之间更需要欣赏，欣赏给人们带来无穷力量。得到他人的欣赏，就是得到他人的鼓励，自然会感到幸福和快慰。爱人者人必爱之，懂得欣赏他人，自己也必然收获友谊和快乐。

欣赏就是对别人的才能和价值给予重视、肯定或赞扬。人生最大的快乐，莫过于自己的才能、价值被重视或赞扬；人生最大的痛苦，莫过于自己的才能或价值被埋没。在工作中，下属得到领导的赏识，一定会在倍加自信的同时更加努力的工作，不但提高了工作效率，也会使下属对领导产生更多信赖和尊重。朋友中，得到赏识的朋友，一定会从心里感到开心，不但增加了更深的友情，而且会更加珍惜彼此的友谊。

其实，欣赏体现着一个人品质，学会欣赏别人则是对自身品质的一种提升，对于被欣赏者来说，欣赏别人则是一种引导和激励。我们身边的人并非人人都出色，很可能很多人都不如你，但是，每个人都会有自身的闪光点，学会发现别人的闪光点，当你带着欣赏的眼光去看别人时，你就会看到别人的很多优点，发现别人的很多才能。任何事情都是相互的，你欣赏了别人，别人也有可能会欣赏你，你带给别人快乐的同时，别人的快乐也会感染你。你的快乐再带给其他周围的人，你会发现你渐渐生活在一个快乐的环境里。

古希腊有一句谚语："每滴水里都藏着一个太阳。"它的意思是说，每个人都有他的优点，都有值得为他人所学习的长处。认可对方的重要性，并表达由衷的赞美，就能够赢得回报。因为人类行为中有一条重要的法则就是：欣赏他人，满足对方的自我成就感。人性中最深切的心理动机，是渴望被人赏识。当这种渴望得到实现，许多潜能和真善美的情感便会被奇迹般地激发出来。

春秋时期，管仲少时贫贱，早年曾与好友鲍叔牙以经营小买卖为生。管仲出的本钱没有鲍叔牙多，可是到分红的时候，他收了应得的那一份，还要再添点儿。鲍叔牙手下骂管仲贪得无厌，鲍叔牙替他辩解说，他家里人口多，开销大，我自愿让给他。管仲带兵胆小怕事，手下士兵不满，而鲍叔牙却说，管仲家有老母，他为了侍奉老母才自惜其身，并不是真的怕死。鲍叔牙百般袒护管仲，是因为他知道管仲是个不可多得的人才，只是还没有机遇施展。管仲感叹道："生我的是父母，了解我的是鲍叔牙啊！"就这样，他们成了莫逆之交。后来，管仲在鲍叔牙的极力推荐下，成了齐国宰相，帮助齐桓公成为春秋五霸之首。

懂得欣赏别人的人，他总会看到别人的闪光点。欣赏别人不仅可以助人一臂之力，我们也可以学习对方的优点，使自己更加完善。我们欣赏别人，不仅仅是为了欣赏本身，为的是自己人格的完善和力量的增强。

一位西班牙学者说："智者尊重每个人，因为他知道人各有所长，也明白成事不易。学会欣赏每个人会让你受益无穷。"善于欣赏别人，不仅能给人以抚慰、鞭策，而且还能培养自己良好的道德情操和海纳百川之胸怀，同时也给自己前进的道路奠定基础。

常言道："知人者智，知己者明。"善于欣赏别人，不仅是智慧，更是一种美德。历史证明，一个不会与别人分享的人，最终自己永远分享不到任何成果；一个不会欣赏别人的人，也永远得不到别人的欣赏。

你用欣赏的眼光去看世界，就会发现很多美丽的风景；你带着满腹怨气去看世界，你就会觉得满目都是灰暗。同样，你用欣赏的眼光去看别人，你就会发现他所具备的你所没有的优点；你戴着有色眼镜去看别人，你就会放大他的缺点。

英国哲学家培根说过："欣赏者心中有朝霞、露珠和常年盛开的花朵，漠视者冰结心城，四海枯竭，丛山荒芜。"因此，在生活中多一点欣赏，少一点挑剔，多一些鼓励，少一些指责，于人于己都很重要，我们的生活也会充满快乐。

嫉妒是人们心灵上的肿瘤

好嫉妒的人就像锈腐蚀铁那样，以自身的气质腐蚀自己。

莎士比亚曾说过："嫉妒是万恶之源。"众所周知，嫉妒是一种消极情绪，是一种不健康的心理状态。

古希腊斯葛多派的哲学家认为："嫉妒是对别人幸运的一种烦恼。"其实，嫉妒是比较的产物。现实生活中，人们总是习惯把自己的能力、品德、荣誉、地位、业绩、境遇，乃至容貌和身边的人进行不合理的比较，从而导致心理失衡，最后必然导致嫉妒的心理。

嫉妒就像一头怪兽，它总是隐藏于人的内心，不断吞噬自己那颗善良的心灵，搅得自己寝食不安，身心健康受到摧残；它一旦流露于外，又会使对方不断受到伤害和攻击，嫉妒能使好友翻脸，亲戚疏远，近邻反目成仇。在各种竞争激烈的今天，更容易加剧竞争心理的产生，使爱嫉妒的人终日生活在烦恼之中。

德国有一句谚语："好嫉妒的人会因为邻居的身体发福而越发憔悴。"一个内心充满嫉妒的人，他的心灵如在地狱一般，喜欢嫉妒的人总是拿别人的优点来折磨自己。在生活中，一个人一旦产生嫉妒的情绪，就再也不可能拥有快乐的心情，别人越成功，自己就会越痛苦。

有一个嫉妒心很强的人，总是开心不起来。因为他一直都很嫉妒他的邻居，他的邻居越高兴，他就越痛苦。他每天都盼望他邻居倒霉，他在暗地里观察着邻居家的一举一动，希望邻居家发生火灾，或者邻居得什么不治之症。但结果没有如他所愿，邻居家的人总是活得好好的，还经常和他友好地微笑，他的心里更加不愉快，很想给邻居制造一些灾祸，但又怕负法律责任。就这样，他在嫉妒中度过每一天，每天都由于嫉妒别人而折磨着自己，他的身体越来越消瘦，心情越来越郁闷。

一天，他终于想出一个两全其美的办法，既可以给邻居家带来晦气，自己又可以免负责任。到了晚上，他买了一个白花圈，悄悄地给邻居家送去。然后，躲在暗地里观察邻居的举动，这时，他隐隐约约地听到一阵哭声，原来是邻居的父亲去世了，那位父亲是一位高龄老人，邻居出来发现了花圈，说道："谢谢这位无名的热心人。"喜欢嫉妒的人更加生气了，原以为能够给邻居带来晦气，却不知是做了好事。

这个故事告诉我们，嫉妒是一把双刃剑，在伤害别人的同时，更深深地伤害着自己。在中国古代，李斯嫉妒韩非子、潘仁美嫉妒杨继业等，都是以害人开始，以害己结束。

从心理学的角度说，嫉妒是一种心理变态的表现，心智不成熟的人容易产生嫉妒。对于心智成熟与心理健康水平较高的人来说，会促进他们进一步的"自我完善"，向更优秀发展。但对于心智未成熟的人就不同了，他们很少认真地思考分析自己和别人以及周围的环境，因此常不能正确地了解自己心理上的弱点，他们的认知活动中占主导位置的是主动地追求自身完美，处处都想凌驾于别人之上。

对自己的缺点与他人的优秀过敏，总是妄想别人全身都是缺点，而自己比谁都高出一筹。这样的认知思维方式必然阻碍自我发展，还使他们丢失了属于自己的原本可以用来丰富和完善自身、提高水平的宝贵时间、空间和条件。

孙膑和庞涓是同学，拜鬼谷子先生为师一起学习兵法。

有一年，庞涓再也耐不住深山学艺的艰苦与寂寞，决定下山，谋求富贵。

庞涓到了魏国，魏王任命他为元帅，执掌魏国兵权。庞涓确有本领，不久便侵入魏国周围的诸侯小国，连连得胜，使宋、鲁、卫、郑的国君纷纷来到魏朝贺，表示归属。庞涓自己，认为取得了盖世大功，不时向人夸耀。

这期间，孙膑却仍在山中跟随先生学习。他原来就比庞涓学得扎实，加上先生见他为人诚挚正派，又把秘不传人的《孙武子兵法》十三篇细细地让他学习、领会，因此，孙膑此刻的才能更远远超过庞涓了。

有一天，孙膑秉承师命，随魏国使臣下山。其实，请孙膑到魏国，并非出于庞涓的推荐；而是一个了解孙膑才能的人向魏王讲述后，魏王自己决定的。

孙膑到魏国，先去看望庞涓，并住在他府里。庞涓表面表示欢迎，但心里很是不安、不快：唯恐孙膑抢夺他一人独尊独霸的位置。又得知自己下山后，孙膑在先生教诲下，学问才能更高于从前，十分嫉妒。后来，庞涓在魏王面前诬陷孙膑，使得他承受刖刑及黥面的酷刑。

过了一段时间，孙膑识破了庞涓的诡计，于是装作神志不清的样子，骗过庞涓，被齐国大将田忌救出来。孙膑到了齐国后，齐王十分敬重他。

在一次战役中，孙膑采用了按天减少军灶的方式使得庞涓上当。孙膑在马陵道设下埋伏，用墨在一棵树上写上六个大字："庞涓死此树下"。庞涓到了之后，辨认了树上的字，大惊失色："我中计了！"话音未落，箭如骤雨，庞涓身亡。

害人终害己，这就是孙膑与庞涓故事给后人的启示。嫉妒心理，使自己和别人都受到伤害。著名思想家罗素在《快乐哲学》一书中给了我们答案。他说："嫉妒尽管是一种罪恶，它的作用尽管可怕，但并非完全是一个恶魔。它的一部分是一种英雄式的痛苦的表现；人们在黑夜里盲目地摸索，也许走向一个更好的归宿，也许只是走向死亡与毁灭。要摆脱这种绝望，寻找康庄大道，文明人必须像他已经扩展了他的大脑一样，扩展他的心胸。他必须学会超越自我，在超越自我的过程中，学会像宇宙万物那样逍遥自在。"

放下嫉妒，或者，把嫉妒转化为追求的动力，才能把人生导向一个更加美好的境界。

那么如何摆脱嫉妒呢？

化嫉妒为动力

当他人比自己优秀时，脑子里浮出"如何打倒对方，超过对方，让对方处于自己的下风"这样的想法，同时立刻实施自己的努力，以求提高自己的竞争能力与才干。当你具备了一定的竞争实力时，就具有了与对手匹敌的资格，而嫉妒心即可消除。

寻找自身价值

有时你会发现自己所嫉妒的对手长处是自己经过了努力也达不到的，这种情况下，你就要转换思路，重新去寻找自身价值，在发挥自己长处上下功夫。比如外貌不如别人的人，自己在能力上、学业上去努力，去高人一筹，并由此体会心理上的平衡。

提高自我修养

我们必须充分认识嫉妒给自己带来的危害。从内心深处来认识嫉妒就如毒蛇，一旦心里贮藏它，你良好的修养和品质就会受到侵蚀，人格就会被贬低，从而内心深处产生对他人的排斥心理。

远离嫉妒，你就会远离烦躁

人生的诸多烦恼大都因嫉妒而生，少一分嫉妒，你就少一分烦恼。

荷兰哲学家斯宾诺莎说："在嫉妒心重的人看来，没有比他人的不幸更能令他快乐，也没有他人的幸福，更能令他不安。"

嫉妒是人的一种不健康的心态。日本的《广辞苑》中对"嫉妒"一词的解释是"在看到他人的卓越之处以后产生的羡慕、烦恼和痛苦"；但丁的《神曲》里称其为"七大原罪"之一；《圣经》里称其为"凶眼"；莎士比亚叫它为"绿眼妖魔"。

嫉妒不仅对人性进行扭曲和摧残，还对人类的身心健康造成极大危害。最近，美国医学家发现，嫉妒程度低的人，在 25 年中只有 2.3% 的人患心脏病，死亡率也仅占 2.2%；相反，嫉妒心强的人，同一时期内竟有 7% 以上得过心脏病，其死亡率高达 13.4%。另外，据统计，嫉妒心强的人也很容易患头痛、高血压、神经衰弱等病症。德国甚至曾把嫉妒列为一种可以享受免费医疗的病，与麻风同列。

仔细看一下，无论各种资料里对"嫉妒"如何解释，我们都不难发现，它所包含的都是一种不良的情感。

嫉妒，从来都被看作是女人特有的情感和心灵特征，事实上，嫉妒并不是女性所特有的，这一点，在男人身上同时具备，只不过相对男性的嫉妒心理，女性的更加明显而激烈。

《酉阳杂俎·诺皋记上》载有著名的"妒妇津"的故事：相传刘伯玉之妻段氏嫉妒心很重。一次，刘伯玉称赞曹植在《洛神赋》中所写洛神的美丽，断氏听到后，气氛地说："君何得以水神美而欲轻我？我死，何愁不为水神？"后来，她果真投水自杀了，于是后人将她投水的地方称为"妒妇津"。

黑格尔说："嫉妒是平庸的情调对幸福的反感。"嫉妒是一种变了形的感情，它是一种心灵病态的表现，无论对于他人还是自己都是百害而无一利的。另外，医学家分析，嫉妒心作为一种不良心理，极易引发心血管疾病。所以有后人推测，周瑜骄傲自大、心胸狭窄、嫉妒心强，造成了周瑜的心绞痛频频发作，一次次强烈的心理刺激，最终导致他急性心肌梗塞而死。

嫉妒像一条无形的毒蛇，吞噬着人的心灵。现实生活中，好多人因看到别人比自己强，或在某些方面超过自己，心里就会萌生嫉妒。无法容忍别人超过自己，这是影响你快乐的最大的心理缺陷。

有一个王后坐在王宫里的一扇窗子边，正在为她的女儿做针线活儿，她若有所思地凝视着点缀在白雪上的鲜红血滴，又看了看乌木窗台，说道："但愿我小女儿的皮肤长得白里透红，看起来就像这洁白的雪和鲜红的血一样，那么艳丽，那么娇嫩，头发长得就像这窗子的乌木一般又黑又亮！"

她的小女儿渐渐长大了，小姑娘长得水灵灵的，真是人见人爱，美丽动人。她的皮肤真的就像雪一样的白嫩，又透着血一样的红润，头发像乌木一样的黑亮。所以王后给她取了个名字，叫白雪公主。但白雪公主还没有长大，她的王后妈妈就死去了。

不久，国王爸爸又娶了一个妻子。这个王后长得非常漂亮，但她很骄傲自负，嫉妒心极强，只要听说有人比她漂亮，她都不能忍受。她有一块魔镜，能够知道谁是世界上最美的女人，当她知道白雪公主比她漂亮的时候，就千方百计地陷害白雪公主。

后来，一位王子无意间救了公主，并且要和她结婚。他们邀请了许多客人来参加婚礼。在他们邀请的客人当中，其中就有白雪公主的继母王后，嫉妒心与好奇心使她决定去看看这位新娘。当她到达举行婚礼的地方，才知道这新娘不是别人，正是她认为已经死去很久的白雪公主。看到白雪公主，她气得昏了过去，自此便一病不起，不久就在嫉妒、愤恨与痛苦的自我煎熬中死去了。白雪公主和王子结婚后，美满的生活充满了欢乐和幸福，他们一辈子都快快乐乐地在一起。

一个内心充满嫉妒的人，永远不会幸福快乐的，嫉妒只会给他带来痛苦。

有人曾玩笑般的把嫉妒分为三种：

第一种是自己没有，别人拥有时的嫉妒。这种嫉妒普遍存在，属于大众性嫉妒，比如生活中，你看到人家有 10 万块，而你只有 1 万块，你会自然产生一种失落感，嫉妒之心油然而生。

第二种是自己拥有，别人更拥有的嫉妒。这种嫉妒也比较正常。比如你有一台台式电脑，而且是二手的，用起来很不方便；而对方有一台崭新的笔记本电脑，玩起来随心所欲，那你就当然嫉妒对方了。

第三种是别人没有，自己也没有的嫉妒。也许有人会问，这样不就平等了吗？怎么会还有嫉妒呢？当然有，人们觉得自己没有是不稀罕拥有，这在精神上就领先一步，但是别人也没有，人们会觉得别人也在精神上领先一步，既然都领先一步，他们的步子都一样大，当然嫉妒别人和他一样啦，这是一种很病态的嫉妒。

一个女人，走到上帝那里，上帝对她说："从现在起，我可以满足你的任何愿望，但前提是你的邻居会得到双份的回报。"那人高兴不已，但又一想：我要是得到一箱珠宝，她就会得两箱，我要是得到漂亮的脸蛋和身材，那个嫁不出去的女人就会比我漂亮两倍。思来想去，觉得还是吃亏，实在不能让邻居占这么大的便宜。最后，这个女人一咬牙，一跺脚，终于做出了决定：上帝，你挖掉我一只眼睛吧！这就是人的嫉妒，以害己害人而告终。

作家艾青说过："嫉妒是心灵上的肿瘤！一切嫉妒的火焰，总是从燃烧自己开始的。"现如今，每个人心里承载着过多的压力，来自于工作上和生活上的。所以更没有必要让嫉妒占据心灵，徒增烦恼。

嫉妒固然能给人带来烦恼，增加人的痛苦，然而嫉妒也是辩证的，消极的嫉妒心理可升华为良性竞争行为，使嫉妒者奋发进取，努力缩小与被嫉妒者之间的"状态差"。借嫉妒心理的强烈超越意识，发奋努力，积蓄自己大量的精力、时间、智慧去追求和实现自己更高的目标。如果能够把嫉妒转变成动力，激励自己去努力、去赶超，那才是一种坏情绪的很好的转化，才是一种平和的心态。

一个充满智慧的人是不会为嫉妒左右的，这种人永远不会深陷嫉妒情绪的煎熬之中。聪明的人对待嫉妒，会合理地调整自己的心态，减弱或消除嫉妒带来的不愉悦，不会把精力和时间放在无谓的嫉妒中消耗自己。远离嫉妒，你就会远离烦恼，靠近快乐。

与其嫉妒别人，不如去超越别人

一味地嫉妒使人不思进取，与其嫉妒，不如化嫉妒为动力，完善自我，超越对方。

嫉妒是在看到比自己优秀的人以后所产生的羡慕、烦恼和痛苦。嫉妒也是对能力、荣誉、地位或处境比自己好的人心怀怨恨。嫉妒是极欲排除别人优越的地位或想破坏别人优越的状态，含有憎恨的一种激烈的感情。

当他人比自己占优势时，一个充满嫉妒的人，心里就感觉不舒服，并设法消除和排挤对方。这种人并不是用自己的努力去赶超比自己强的人，而是专挑别人的刺，讽刺挖苦，甚至为对方设置困境，期望对方遭到不幸和伤害。所以，嫉妒心强的人，也往往是非常尖刻的人。

嫉妒既是一种个体的心理现象，也是人与人之间关系的心理现象。嫉妒是一种很普遍的社会现象。在人类的一切情欲中，嫉妒是最顽强、最持久的。人应当克服嫉妒、焦虑和恐慌等情绪，扼制心中的怒气，不要纠缠于这些悲哀中。嫉妒者所受的痛苦比任何人遭受的痛苦都大，因为他自己的不幸和别人的幸福都会使它痛苦万分。

英国哲学家、思想家培根说过："人可以容忍一个陌生人的发迹，但绝不能忍受一个身边人的上升。"我们平日里所说的"同行是冤家""文人相轻"，也是这个道理。尤其在文人堆儿里，有的人看见别人写一手好文章，极易产生"瑜亮情结"，一边妒火中烧，一边又讳莫如深。说不出来的苦最苦，无言的嫉妒最深。

嫉妒是阻碍一个人进步的"妖魔"，它迫使一个人将大量的时间和精力浪费在对他人的嫉恨上。

小王与小李是某艺术院校大三的学生，同在一个宿舍生活。入学不久，两个人成了形影不离的好朋友。小王活泼开朗，小李性格内向、沉默寡言，小李逐渐觉得自己像一只丑小鸭，而小王却像一位美丽的公主，心里很不是滋味，她认为小王处处都比自己强，把风头占尽，时常以冷眼对小王。大学三年级，小王参加了学院组织的服装设计大赛，并得了一等奖，小李得知这一消息先是痛不欲生，而后妒火中烧，趁小王不在宿舍之机将小王的参赛作品撕成碎片，扔在小王的床上。小王发现后，不知道怎样对待小李，更想不通为什么她要遭受这样的对待？

与其将时间和精力消耗在无谓的嫉妒中，不如化嫉妒为动力，完善自己，超越对方。小李这样做除了伤害朋友和伤害自己外没有任何作用。

莎士比亚说："您要留心嫉妒啊，那是一个绿眼的妖魔！"嫉妒的人心胸极其狭窄，他们不能容忍别人的快乐与优秀，会用各种手段去破坏别人的幸福，有的挖空心思采用流言蜚语进行中伤，有的采取卑劣手段；嫉妒的人又是可怜的，他们自卑、阴暗，他们享受不到阳光的美好，体会不到人生的乐趣，生活在他们的黑暗世界里；嫉妒的人是那么的可悲，"心灵的疾病"会扩散到身体各处，引起躯体上的不良反应，七病八疾不请自到，它是摧毁人性和健康的毒药。

嫉妒的人总是拿别人的优点来折磨自己。别人年轻他嫉妒，别人长相好他嫉妒，别人身材高他嫉妒，别人风度潇洒他嫉妒，别人有才学他嫉妒，别人富有他嫉妒，别人的妻子漂亮他嫉妒，别人学历高他嫉妒……

嫉妒容易使人憔悴和衰老。因此，好嫉妒的人总是40岁的脸上就写满50岁的沧桑。"既生瑜何生亮"一声喟叹，周瑜嫉妒、愤恨、无奈烙在历史瞬间，虽有数代时间荡涤，至今，我们仍可体会其中的辛酸无奈。

一个年轻有为的人往往招人嫉妒，尤其是那些老资格的人的嫉妒，因为他们之间的距离改变了，别人上升往往会造成一种错觉，使人觉得自己仿佛被降低了。那种具有无法克服缺陷的人，由于自己的缺陷无法弥补，因此需要损伤别人来求得心灵的宽慰。而一个具有伟大品格的人绝不会这样，那种品格能让缺陷的人转化为光荣，努力提高自己，不断超越自己，超越他人，最终创造奇迹。

苏东坡，满腹才华，却高处不胜寒，受到小人的嫉妒，于是诽谤、诬陷接踵而至，他负屈含冤被贬到黄州。面对那些卑劣的对手，东坡却更加释然，泛舟夜游赤壁，品江上之清风，赏山间之明月，写下旷达的诗篇，给后人留下一份宝贵的精神财富。

杜甫有句诗："尔曹身与名俱灭，不废江河万古流。"那些当初嫉妒苏东坡，诽谤、陷害苏东坡的人，要么在历史上默默无闻，要么在历史上遗臭万年。唯有旷达的苏东坡令后世无比尊敬。

其实，嫉妒别人是对自己的折磨。有那点嫉妒的工夫，不如用在提升自我价值上。凡是能找到自己生存价值和生存乐趣的人是不会嫉妒别人的。嫉妒是对被嫉妒人的颂扬。嫉妒别人的才能，也正好说明自己的无能，谁嫉妒别人，就等于承认别人比自己强。嫉妒是万恶之源，怀有嫉妒心的人是不会有丝毫同情心的。嫉妒是一种恨，此种恨是对他人的幸福感到痛苦，对他人的灾难感到快乐。

有位哲人说："嫉妒尽管是一种可怕的罪恶，但嫉妒并非十恶不赦、一无是处。一个人在嫉妒的煎熬中挣扎，他可能走出痛苦，迎来光明；也可能从此走向毁灭。我们要懂得开阔自己的心胸，化嫉妒为动力。"

人生在世，面对外界的诱惑，人们或多或少会产生嫉妒心理。然而，一个有修养的人，是不会让嫉妒任意滋长的，他能够很好保持心理的平衡，使自己和别人都不受到伤害，化嫉妒为正确的竞争动力，不是把精力用在怨恨别人、打击别人等无用功上，而是把注意力放在了提高自己的能力方面，不断地提高自身的素质，在追赶别人的同时实现人生的超越。坦然面对嫉妒，迈向美好人生。

多一分宽容就多一分平静

人的一生中，最难能可贵的是拥有宽容。宽容是一种智慧，是一种大肚能容的胸怀。它让你坦然面对人生的得与失、荣与辱，释怀过去，放眼未来。而一个斤斤计较的人，整天为生活的烦恼所缠绕，不懂得原谅别人就是折磨自己。宽容别人就是宽容自己，只要你拥有了宽容，在你前进的道路上，也就充满了希望和光明。宽容使人的生活变得轻松而快乐，并带给人间更多温情。一个人愈懂得宽容，就愈懂得珍惜自己和身边的人。

选择宽容，选择豁达

越是斤斤计较，烦恼越多，宽容才能让自己活得轻松自在、舒坦豁达。

法国大文学家雨果曾说过这样一句话："世界上最宽阔的是海洋，比海洋更宽阔的是天空，比天空更宽阔的是人的胸怀。"这句名言揭示一个道理：做人，不要斤斤计较，要有博大的胸怀，有了博大的胸怀，才能处处做到宽容。

俗话说："宰相肚里能撑船，将军额头跑得马。"我们的生活，本来就是人与人的一种相互交流。每个人的人生经历、家庭背景、文化程度、性情气质千差万别，这就导致每个人的思想不同。在人与人的相处中，就难以避免会产生摩擦，当我们与别人产生矛盾冲突时，我们是报以微笑，还是嗤之以鼻、不屑一顾，抑或怀恨在心？这时，我们就需要培养一种美德——宽容。

春秋时期，楚王请了很多臣子来喝酒吃饭，席间歌舞曼妙，美酒佳肴，烛光摇曳。同时，楚王还命令两位他最宠爱的美人许姬和麦姬轮流向各位敬酒。

忽然一阵狂风刮来，吹灭了所有的蜡烛，漆黑一片，席上一位官员乘机揩油亲泽，摸了许姬的玉手。许姬一甩手，扯了他的帽带，匆匆回到座位上并在楚王耳边悄声说："刚才有人乘机调戏我，我扯断了他的帽带，你赶快叫人点起蜡烛来，看谁没有帽带，就知道是谁了。"

楚王听了，连忙命令手下先不要点燃蜡烛，却大声向各位臣子说："我今天晚上，一定要与各位一醉方休，来，大家都把帽子脱了痛快饮一场。"

众人都没有戴帽子，也就看不出是谁的帽带断了。后来楚王攻打郑国，有一健将独自率领几百人，为三军开路，斩将过关，直通郑国的首都，而此人就是当年揩许姬油的那一位。他因楚王施恩于他，而发誓毕生孝忠于楚王。由此故事可见得到一时的宽容也能给自己带来更大的利益。

宽容是一种豁达的人生态度，正所谓"人非圣贤，孰能无过"。很多时候，我们都需要宽容，宽容不仅是给别人机会，更是为自己创造机会。学会宽容，世界会变得更加广阔；忘却计较，人生才会永远快乐。正是因为这样，宽容也是一种高贵的美德。

宽容是一种高尚的行为，能宽容别人就等于自己做了一件高尚的事情。它是一个人高尚道德的体现，只有具有高尚风格的人才能达到这种最高的境界。

在生活中，每个人的生活方式不同。有人喜欢吹捧自己贬低别人，有人喜欢笑，有人喜欢哭，有人喜欢无理取闹，有人喜欢捉弄别人看热闹，有人则喜欢钻空子占别人的便宜。不同的人构成了复杂的人际关系。如果我们没有一颗宽容的心，那么，我们的生活将永无宁日。也许会因为一点小事就"一石激起千层浪"，或是因为一句过激的语言而"大闹厅堂"。为了避免不必要的争吵，我们还是做到"忍一时风平浪静，退一步海阔天空"

比较好。

消除生活烦恼的良药就是宽容，宽容不但体现了你的理解与原谅，更体现了你不凡的气量和广阔的胸襟。当你宽容了别人，自己是快乐的。因为宽容意味着豁达、尊重、理解、信任，但不是放任，不是纵容，不是消极地无所作为。

战国时候，秦国最强，常常进攻别的国家。赵国有个叫蔺相如的人，很有才能。一次，赵王跟秦王在渑池会晤。秦王想侮辱赵王，蔺相如靠自己的机智勇敢使赵王得到秦王的尊重。

蔺相如在渑池会上立了功。赵王封蔺相如为上卿，职位比廉颇高。

廉颇很不服气，他对别人说："我廉颇攻无不克，战无不胜，立下许多大功。他蔺相如有什么能耐，就靠一张嘴，反而爬到我头上去了。我碰见他，得应他个下不了台！"这话传到了蔺相如耳朵里，蔺相如就请病假不上朝，免得跟廉颇见面。

有一天，蔺相如坐车出去，看见廉颇骑着高头大马过来了，他赶紧叫车夫把车往回赶。蔺相如手下说，见廉颇像老鼠见了猫似的，为什么要怕他呢！蔺相如对他们说："诸位请想一想，廉将军和秦王比，谁厉害？"他们说："当然秦王厉害！"蔺相如说："秦王我都不怕，会怕廉将军吗？大家知道，秦王不敢进攻我们赵国，就因为武有廉颇，文有蔺相如。如果我们俩闹不和，就会削弱赵国的力量，秦国必然乘机来打我们。我所以避着廉将军，为的是我们赵国啊！"

蔺相如的话传到了廉颇的耳朵里。廉颇静下心来想了想，觉得自己为了争一口气，就不顾国家的利益，真不应该。于是，他脱下战袍，背上荆条，到蔺相如门上请罪。蔺相如见廉颇来负荆请罪，连忙热情地出来迎接。蔺相如和廉颇从此成了很要好的朋友。这两个人一文一武，同心协力为国家办事，秦国因此更不敢欺侮赵国了。战国末期，赵国最终成为唯一能与秦国抗衡的强国。廉颇和蔺相如的故事也因此流芳千古。

正是因为蔺相如的宽容才赢得了廉颇的友谊，使得他们的友情成为千古佳话。

宽容不仅使别人受益，也同样让自己收获快乐与幸福。宽容别人是大度，宽容自己是豁达。适度的宽容，能很好调节紧张的人际关系，能有效地防止事态的扩展和抵制矛盾的急剧升温，从而避免严重后果的出现。大量事实证明：对自己或对别人过于苛刻的人，他活得并不轻松，相反，他总会处于一种紧张的心理状态下，让自己活得困窘，活得压抑，甚至活得痛苦。

与他人有矛盾并不可怕，可怕的是不懂如何宽恕别人。一旦你宽恕了别人，你的心理便可以经历巨大的转变和净化。当人际关系有了新的转机，那些压抑和烦恼就会自然消除了。

多一些宽容就少一些心理的隔膜，多一分宽容就多一分友爱。宽容是人际交往的润滑剂，是沟通人际关系的桥梁，宽容是酿造友谊之蜜的花朵。

海纳百川，有容乃大；山高万仞，无欲则刚。宽容确实是一种至高无上的人生态度。我们的生活不可能一帆风顺，我们的每一个日子也不可能总是阳光普照。但只要我们时刻心存着一份宽容，我们的生活就会丰富多彩，充满阳光雨露。

只有宽容能让你远离烦恼，让你永远活得轻松自在；宽容能让你永远有个好心情，并以此心情去影响别人。让我们的生活多一点宽容，多一点豁达，让我们的生活充满从容与轻松。

多一分理解，少一分嫉恨

不和谐的人际关系总是给人带来烦恼，假如你懂得宽容，就获得了消融人际矛盾的良药。

随着社会的发展，人与人之间的竞争越来越激烈。竞争越是激烈的地方，同事间、朋友间磕磕碰碰的事情就越多，这是在所难免的。而且在与人的交往中，被误解、被戏弄、吃亏、受委屈的事也时有发生。谁都会经历过不顺心、不愉快的事情，当然在面对这些事情时，我们也会采取不同的处理方式。

宽容是化解人际矛盾的良药，宽容是一种乐观地面对人生的勇气。它能驱散生活中的痛苦和眼泪，它能传播心灵的快乐和微笑。宽容能够减少人生的沉重感，让人生充满快乐和欢笑。

如果你懂得宽容，你就不必为生活和工作中的琐事而烦躁不安。"相逢一笑泯恩仇"是宽容的最高境界。虽说做到这一点的人少之又少，即使如此，我们也不应放弃这种追求，因为忘却别人的过失，以宽容的心态对人、以宽阔胸怀回报社会，是一种利人利己、有益社会的良循环。屠格涅夫曾说："生活中，不会宽容别人的人，是不配受到别人的宽容的。"所以，当你宽容了别人，在自己有过失或错误的时候也往往能得到他人的宽容。

一个宽容的人不会为鸡毛蒜皮的小事斤斤计较。在交往过程中，人和人之间难免会有一些摩擦，正如一首歌中所唱的"勺子总会碰锅沿，脚板总要擦地皮"，因此我们不必为琐事而耿耿于怀。如果你总是斤斤计较，不仅会使自己不愉快，还会使矛盾进一步恶化。

一位 50 多岁的女士在为一家出版公司工作了 10 年之后失业。她的位置被一位年轻的同事取代，而后者对此表现得十分冷酷，缺乏同情心。这位女士十分痛苦，所幸多年的好友和熟人都慷慨地为她出谋划策。

几个月后，她得到了一份相当好的工作，在一家虽然小却名声很好的出版公司任总编。又过了两年，她先前所在的那家公司倒闭了，碰巧的是，曾经顶替她位置的那位年轻人如今到了她手下干活。带着满腔怒火，这位女士明确表示她和那个先得意后失意的人势不两立。她要那个年轻人也尝尝痛苦的滋味，于是她不让他提出的任何一个选题通过，甚至在大厅里相遇时也不忘对他嘲笑一番。

久而久之，这位女士并没有为她的报复而感到快意，而是越来越觉得无聊可笑。后来，她主动找到自己的"仇人"，真诚地向他道歉，希望对方能够原谅自己。对方也十分感动，最终二人成了极好的朋友，两人密切配合为公司出力。

俗话说："将军额头跑得马，宰相肚里能撑船。"这是容人的最高境界。宽容是一个人有涵养的表现。人与人是不同的，每个人都有其独特性，有自我独特的爱好、追求、性格，甚至怪癖。所以，理解不同、允许差别、包容相异是消融人际矛盾最好的方式方法，做到了这一点，就会营造出一个亲密无间、融洽无比、相辅相助的人际关系。

在人生的道路上，我们总会遇到困难和挫折，就像碧波万顷的大海会遇到风浪的挑战；灿烂明媚的阳光下，会有阴暗的角落。

面对生活的困难和不幸，我们常常会受到伤害。这时，我们不要怨天尤人，不要以为生活和我们过不去，它只是在告诉我们，还有一些未曾被理解的世界，需要爱与包容。生活中有很多秘密，个中艰辛只有当事人知道，

理解他人，也就是理解百样人生。

凯西一生都痛恨她的父亲，而且她认为这种痛恨完全是正当的。据称，父亲抛弃了母亲、凯西和其他 6 个孩子。每当母亲怀孕时，父亲就失踪了，直到婴儿降临到世上，父亲才露面。而一旦他回到家，从前的痛苦经历就又会重演，他让每一个孩子受尽打骂，有时甚至还用马鞭打母亲。许多人都认为，凯西痛恨父亲完全是正当的。

然而，凯西这种持久的愤怒给自己的生活和感情造成了很大的伤害。和父亲一样，凯西常常会因为一些小的差错而用鞭子抽人。她的行为使她丢掉了一份份工作，她和许多人相处得既紧张，又无趣。

她的痛恨与苦恼最终伤害了她的健康。她患上了头疼、胃病和关节炎。尽管医生为她的病尽了最大的努力，但她仍然感染了许多疾病，体弱不堪。到了她 25 岁生日时，凯西的外表已像个中年妇女了。

她知道，如果她学会了宽恕父亲，她的状况会好得多；但是，她做不到这一点，她也不希望其他任何人宽恕她自己。每当她追忆起往日的痛苦生活，她就愤怒地大叫："他这个糟糕透顶的家伙，看看他做过的那些事！"

然而，凯西在内心深处一直在提醒自己："要得到宽恕，你自己必须宽恕他人。"为求得宽恕，我们会不惜一切代价。凯西也不例外，她希望有朝一日能卸去心灵上的包袱，希望求得他人的宽恕。于是，她开始了这个艰难的宽恕历程，她这么说了一句："我宽恕你这个该死的。"

最初，这样做很困难，凯西感到自己有些不诚实，因为她心目中一点也没有宽恕父亲。

但她坚持了下来，口中的语言也变得缓和了。不久，她就不再说"你这个该死的"。当她了解到父亲何以对他们如此残暴时，她开始可怜他；最后，她对父亲有了真正的爱。

　　凯西宽恕了父亲之后，她也开始宽恕自己了，爱自己。最终，她摆脱了身体的各种疾患，走向新的生活。通过这个经历，凯西认识到，宽恕不仅使被宽恕者受益，而且，宽恕者自己亦受益匪浅。

　　不懂得宽恕的人，拆掉了他自己也得通过的桥梁；因为，每一个人都需获得宽恕。宽恕别人的同时，你也宽恕了自己。那些不能谅解他人的人，其自身可能遭受身体、智力、情感甚至精神上的伤害。凯西的例子就很有说服力。

　　西奥多·凯勒·斯皮尔斯有句名言："如何宽恕他人，这是我们需要学习的一种能力；我们不能将宽恕视作一种责任，或视作一种义务，而要把它当作类似于爱的体验，它应自发地到来。"

　　选择宽容，便是选择了明媚的阳光，婉转的鸟鸣，芬芳的花香，以及美好的生活。因为这一切都来自一颗没有负担、澄澈透明的心灵。

　　有位智者说："以恨对恨，恨永远存在；以爱对恨，恨自然消失。"恨在这头，爱在那头，当我们选择宽容，就走上了通往爱的桥梁，人生会因此产生美妙的变化。选择宽容，就是选择幸福。

拒绝宽容，你定会留下遗憾

　　生活中，一旦产生了误会，不必因误会而冲动，一定要懂得用宽容化解误会。

　　宽容是一种智慧，是一种胸襟，是一种积极乐观面对人生的勇气。在现实生活中，人与人之间难免会有一些矛盾，我们不能一味地跟别人斤斤计较。当你学会宽容，你会发现：宽容是对人生的一种激励，更是一种幸福。

我们的生活离不开人与人打交道，人与人之间免不了无意间发生一些磕磕碰碰，常常因一时的疏忽，或冒犯了别人，或别人冒犯了我们。正确的做法是冒犯者应主动真诚地道歉，被冒犯者理当宽容大度，说声"没关系"，让一切误会在"对不起"和"没关系"中烟消云散，使彼此重归和睦和友善，而如果待人处世少了宽容，很容易使矛盾激化，使本来小事变成大事，说不准会酿成大祸而抱憾终生。

"天哪！托比你的身上怎么全是血啊？"鲍勃大声地尖叫起来，到底发生了什么事？

鲍勃住在美国纽约的一个小镇上，早年间他的太太因为难产而死，只留下一个儿子。鲍勃整天又要忙着工作，又要料理家务，根本没时间照顾他的儿子。于是，他就在闲暇时间训练了一条狗，想让这只狗来照顾他的孩子，这只狗是鲍勃在路上捡回来的，名叫托比．托比很聪明，也很听话。现在托比正叼着奶瓶给孩子喝奶。

有一天，鲍勃要去另一个镇上办点事情，让托比照顾孩子。不巧的是，傍晚下起了鹅毛大雪，鲍勃当天没能回来。等到第二天上午鲍勃赶回家，托比听见鲍勃的脚步声迎了出去，"天哪！托比你的身上怎么全是血啊？"鲍勃大声地尖叫起来。鲍勃打开房门一看，到处都是血，他赶紧到床上去看，发现孩子不见了，再看托比，它满口也都是血。鲍勃惊呆了，以为一定是托比兽性发作，把孩子吃掉了，鲍勃一怒之下，拿起刀来就把托比的头给砍了下来。

可是就在这个时候，鲍勃听到后院传来了孩子的哭声，赶紧跑到后院抱起孩子，看见只是在衣服上沾了一点血，毫发无损。

到底是怎么一回事呢？鲍勃不解，再看看托比的身上，发现托比腿上的肉没了，嘴里还有像狼一样的毛。鲍勃明白了，托比腿上的肉一定是跟狼撕咬的时候被狼咬掉的。

托比救了自己孩子的命，但是鲍勃却以为是它吃了自己的孩子，误杀了它，鲍勃已经追悔莫及了。

遇到这种情况，大多数的人都会失去理智。人与人之间总是会有误会的事，大多数情况是人们都被恼怒仇恨蒙蔽了双眼，往往是毫无理智的情况下做出很冲动的事。

因为从误会一开始，我们所想到的就是对方犯下的错误，因此，矛盾就会越来越大，直到双方都弄到不可开交的地步。鲍勃就是被自己武断的判断力蒙蔽了双眼，以致一条无辜而又忠诚的生命就此葬送在他的手上。如果是换成人呢？那结果更是我们难以想象的。

凡事如果我们首先本着一颗宽容的心，有一个理性的心态，平心静气地理好事情发生的来龙去脉，也不会出现这样的悲剧。让我们也祈祷托比能原谅他的主人，宽容他一时糊涂所犯下的错误吧。

法国革命家傅勒说："一个人不肯原谅别人就是不肯给自己留有余地，须知每个人都有犯过错而须原谅的时候。"所以，让我们拥有一颗包容的心，既是释怀了别人，也是善待我们自己。

宽容其实是一种心态，一种不苛求、不极端、不任性的健康心理，它需要我们去学习，去体会，去感悟，需要拿出一点勇气和智慧，去想，去做，去生活……在短暂的生命里程中，学会宽容，意味着你的生活更加美好。

这是一个关于越战士兵归来的故事。战争结束了，士兵从旧金山给父母打电话，说："爸爸妈妈，我就要回家了。我身边有一个跟我关系非常好的朋友，他在战火中曾与我出生入死，我想带他一起回家。"

"那太好了，我们会很高兴见到你和你的战友的。"他们回答。

"可是，我这位好兄弟在战场上受了重伤，一条腿和一只胳膊被炸掉了，他实在走投无路，我想让他跟我们一起生活，我顺便可以照顾一下他。"士兵继续说。

电话那边沉默了一会，"亲爱的，很遗憾。他如果跟我们生活在一起，会给我们造成很大的生活压力，其实你也知道我们家的情况，已经是很拮据了，我们自己的生活不能被这个残疾人破坏了，不过，我们可以帮他找个安身的地方。"

士兵什么也没说，用颤抖的手挂了电话，他的父母再也没他的消息了。

过了几天，士兵的父母接到了旧金山警察局的电话，说他们的儿子坠楼身亡了。他们悲痛万分地飞往旧金山，并在警察的带领下去辨认儿子的尸体。

这位坠楼身亡的小伙子确实是他们的儿子，令他们惊讶的是，当他们看见自己的儿子残缺的身体，便顿时明白了儿子说的那个战友，其实就是儿子自己。

这对父母知道是自己酿成了这个惨剧，该是多么痛心和悔恨。他们的刻薄无情扼杀了一个年轻的生命。这个身负重伤的士兵在电话里之所以没有告诉父母自己的真实情况，是想知道父母的真实想法。他想知道父母能否接纳他这个将会给家庭带来压力的儿子。

假如当时这对父母宽容仁慈一点，说："孩子，带他一起回来吧，我们会好好照顾他的。"我想士兵或许还有活下去的勇气和希望。我们须知一个身处逆境的人更需要亲人和朋友的宽容和温暖。然而，父母冰冷无情的回答熄灭了士兵最后一丝活下去的希望。

博大、仁爱是盛量宽容最好的容器。我们不能只喜欢外表无瑕，光泽亮丽，更要看重的是他的内涵用什么包裹。像故事中提到的那个"残疾士兵的好友"，如果士兵的父母收留了他，他们得到的便是"两个儿子"。

失去宽容，我们也就失去作为一个人拥有的良知。每个人都需要宽容，尤其是身处逆境的时候，宽容像一盏明灯，给黑暗中的人带来光明和温暖。

原谅别人就是珍惜自己

如果我们能够敞开心扉对他人的过错多一些包容和谅解，这样既宽容了别人，也宽容了自己。

我们都有过这种经历：当你不小心将手指划破的时候，生命会原谅你，生命本身会立刻开始修补工作，让新的细胞在伤口处相互重新搭接；如果你误食了腐烂的食物，生命会原谅你，让你吐出食物，来保护你；如果你手烧伤了，它会降低浮肿，增加血流量，长出新皮肤、新组织和新细胞。

生命的特征之一就是宽容，生命让你恢复健康，给你带来活力和平安，只要你思想上愿意合作。消极的思想，痛苦的回忆，对他人的愤愤不平都会对生命构成极大的伤害。

在日常生活中，你如果总是对他人的过失耿耿于怀，总是活在消极与愤恨中，这不仅是对他人的折磨，同样也是对自己的折磨。你若能放开心胸，原谅对方，同时你也赦免了自己。

有一天，佛陀在竹林精舍的时候，忽然有一个婆罗门愤怒地冲进精舍来。因为他同族的人，都出家到佛陀这里来，故使他大发嗔火。

佛陀默默地听他的无理胡骂之后，等他稍为安静时，向他说道：

"婆罗门呀！你的家偶尔也有访客吧！"

"当然有，何必问此！"

"那个时候，偶尔你也会款待客人吧？"

"那是当然的啊。"

"假如那个时候，访客不接受你的款待，那么，那些菜肴应该归于谁呢？"

"要是他不吃的话，那些菜肴只好再归于我！"

佛陀以慈祥的眼神盯着他，然后说道："你今天在我的面前说很多坏话，但是我并不接受它，所以你的无理胡骂，那是归于你的！如果我被谩骂，而再以恶语相向时，就有如主客一起用餐一样，因此我不接受这个菜肴！"

然后佛陀为他说了以下的偈语：

"对愤怒的人，以愤怒还牙，是一件不应该的事。对愤怒的人，不以愤怒还牙的人，将可得到两个胜利。知道他人的愤怒，而以正念镇静自己的人，不但能胜于自己，也能胜于他人。"

这个婆罗门，就在佛陀门下出家了，不久，成为阿罗汉。

心胸宽广的佛陀没有和婆罗门起冲突，他让婆罗门明白不宽容别人，就是不宽容自己，跟自己过不去。

生活之中最需要的就是拥有一颗宽容的心。对别人宽容，对自己更加的宽容，宽容自己就是珍惜自己。人生很多时候都会无奈，因为自己无法左右时间的流逝，无法左右值得珍惜的东西消逝，可是，我们却可以把这一切都加以宽容，把握住现在的每一刻。宽容亦是一种珍惜，是你珍惜现在的拥有，珍惜眼前的相遇，更是珍惜自己。

美国总统林肯曾对宽容做过很恰当的诠释。林肯对政敌素以宽容著称，后来终于引起一位议员的不满，议员说："你不应该试图和那些人交朋友，而应该消灭他们。"林肯微笑着回答："当他们变成我的朋友，难道不正是消灭了我的敌人吗？"林肯也因为有这样的宽容之心，为自己的政治道路扫清了障碍，成为了美国历史上最伟大的总统。

多一些宽容，你的生命就会多一份空间；多一份爱心，你的生活就会多一份温暖，多一份阳光。当你用宽容换来自己内心的豁达时，用宽恕换来敌人的微笑时，你同时把对生命的一种珍惜留给了自己。

生活中对别人多一些宽容，其实就是善待了我们自己。有朋友的人生路上，才会有关爱和扶持，才不会有寂寞和烦恼。

宽容可以说是一剂化解痛苦的良药，宽容能化解严寒中的坚冰。一个人如果不能原谅别人的缺点，他的心就永远是痛苦的，俗话说："人非圣贤，孰能无过。"原谅别人，你不仅可以表现出一个人的风度，同时，你也打开了心灵的枷锁，获得人生的快乐。

在日本东京有一个青年，他每天都工作到夜里 1 点多钟。他对两个孩子和妻子漠不关心，总是拼命地工作。他想，别人会拍着他的肩膀赞扬他工作很努力的。他血压高，平时心里总是感到内疚。由于这种原因，他常常不自觉地通过努力工作来惩罚自己，完全不顾家里的人。

正常的人是不会这样做的。他们会关注孩子的发展，不会将妻子关在门外。他的朋友向他劝解说："你如此地努力工作，可能你内心有什么不安存在，否则你不会这样做。你实际上是在自己惩罚自己，你得学会宽容自己。"

他的确有深深的内疚感：多年前，他害了他的兄弟。他解释道，在见到他兄弟同他妻子发生不正当关系时，他一时冲动，枪杀了他兄弟。这事情过去已有 15 年了。

朋友向他劝慰说，从生理和心理上来说，目前的他和 15 年前的他已不是同一个人了。科学家告诉我们，身体的细胞每隔 11 个月要全部更新一次，再说，人在思想上也完全变化了。

他现在充满爱心。15 年前罪犯的"他"早已死了。事实上他在谴责一个清白的人。原谅就是让你的思想符合和谐的自然规律。自我谴责就是地狱，宽容就是天堂。

这种劝解在他身上起了作用，他说他感到从此如释重负。医生说他的血压也正常了。

人与人相处，不要总是记着别人对自己的伤害，而应多想想别人对你曾经有过的帮助和善行，以便"滴水之恩，当涌泉相报"。能够记住别人善行的人，他的心灵必定是宽广的，并充满了爱。常记住别人对自己伤害的人，不仅体现自身的狭隘和刻薄，而且令自己深陷烦恼和痛苦的深渊。

因此，在人生道路上我们不要总是抓着别人曾经对你造成的伤害不放。时刻把别人对自己的善行放在心上，能记住别人对自己善行的人，就学会了爱，如果你能接受曾经伤害过你的人，你不仅拥有爱，也将会成为一个值得尊敬的人。

世上有无数的人在等待别人的宽容。然而，宽容的受益人不只是被宽容者，宽容别人就是解放自己。我们远离嫉妒与怨恨，就是远离痛苦、心碎、绝望、愤怒和伤害。宽恕别人的过错，宽容下属的无意冒犯，宽容别人的缺点与不足，同时也宽容自己。

宽容不是懦弱，更不是纵容

古语曰："过犹不及。" 宽容过了头就流于懦弱和纵容。

宽容，说得简单一点就是不要苛求别人。俗话说："水至清则无鱼，人至察则无友。"生活中宽容的人总是能获得更多的友谊与欢乐。因为批评会让人不服，谩骂会让人厌恶，羞辱会让人恼火，威胁会让人愤怒。

蔺相如对廉颇傲慢无礼的宽容忍让，最终感化廉颇负荆请罪，留下千古美谈将相和，使赵国虽小而无人敢犯。假如没有了宽容，则国与国之间会兵戎相见，人与人之间会拳脚相加，人生因此变得黯然。

人们常说："退一步，海阔天空，忍一时，风平浪静。"对于别人的过失，必要的指责无可厚非，但能以博大的胸怀去宽容别人，就会让你的人生变得更精彩。

我们的生活固然离不开宽容，但不可"宽容"过度而流于"纵容"，宽容是一种善意的谅解，为他人改过留有一席之地；而纵容是对对方错误的熟视无睹，使其一步步走向罪恶的深渊。纵容令人在错误的道路上越走越远，永不回头；宽容令人学会感恩，奋发向前。

生活中，不会宽容别人的人，是不配受到别人宽容的。但我们也不能一味地把退让、迁就也当作一种宽容，当作与人相处的最好方法。于是，我们就在现实生活中，处处退让、迁就，把自己的地位与做人标准都放弃了，那样，我们就对别人的错误一味地迁就，导致更大的错误发生，同时，我们也就失去了主宰自己的能力。这样的宽容是对别人和自己最不负责的表现，也是一种心理上的犯罪。

李婷发现丈夫有了别的女人，作为妻子，她没有上演一哭二闹三上吊的戏码，而是假装不知情，加倍地关心丈夫，对丈夫显得极为宽容，默默等待着丈夫被自己感动，主动认错回到自己身边。

4年来，李婷为了丈夫，脾气好了很多，对他几乎百依百顺，没想到等来的却是那个女人怀孕的消息！虽然这4年李婷都知道那个女人的存在，但是丈夫不说，她就不提，总以为不捅破这层窗户纸，他们的婚姻就能维持下去。李婷忍那么久，就是相信哪天丈夫被她的体贴和宽容感动了，一定能回到她的身边。

后来，那个女人竟然主动来找李婷。那个女人与丈夫原来是同事。丈夫回家后，李婷还有些神情恍惚，不知道该不该提这件事。可是事情并没完，那个女人坚决不肯打掉孩子，还到单位闹了几次，弄得满城风雨。丈夫在家抽了几天闷烟后，又像以前一样回家的时间越来越晚。李婷的纵容最终导致婚姻的破裂。

宽容并不意味着无原则地纵容，也不是忍气吞声，逆来顺受。好多人因家庭问题而烦恼重重，家庭和谐自然离不开夫妻之间的相互宽容。然而，这并不意味着宽容就是无条件地隐忍，一味地忍让是懦弱的表现。像李婷这样，盲目的善良并不能换来尊重，没有立场的宽容无异于纵容。

"宽容"和"纵容"虽然只有一字之差，意思却大相径庭。纵容与宽容虽然只有一步之遥，但它能使人的命运有天壤之别。宽容是一首赞歌，它给我们带来幸福和温暖，我们的生活离不开宽容，我们的友谊需要宽容。

皮特在伦敦的一家贸易公司上班，每天同其他的上班族一样早起晚归。有一天，在上班的路上想起忘了带企划文件，返回家去拿。当他打开房门的时候，突然听见屋子里有动静，皮特心想屋里一定是进小偷了。皮特悄悄地推开房门，看到房间一片狼藉，像是被抢劫一样。透过窗户，看见院子里居然站着一个来不及逃跑的小偷，皮特心想除了自己那个有问题的堂弟之外，正常人见了面一定会逃跑的。

皮特的堂弟在家里是独生子，3岁的时候被医生诊断患有精神病。今年已经30岁了，现在仍然天天在服药，可是病情好像没有丝毫的好转。

看到他把自己的屋子弄得一团糟，皮特心里的无名之火就蹿上了心头，站在屋子里就对他堂弟大声地怒吼："你还真够可以的，居然跑到我家来偷东西了！"堂弟睁着大眼，一动不动地呆呆地等着皮特。"你现在立刻给我滚出去，要不然我到警局举报来抓你！"没等皮特把话说完，堂弟就顺手拿起一个没有开启的易拉罐砸向他，又跑到院中把花盆摔得粉碎，接着又拿起石头朝玻璃扔去。

皮特真的是无计可施了，自己还要去上班，只好给堂弟的家人打电话。晚上回到家的时候，堂弟的母亲打来电话说，"我们已经软硬兼施对他劝说了半天，可是他就是不愿意走，也不吃饭，自己跑到你家二楼阳台去了。"还告诉皮特不要再刺激他了，堂弟身强体壮，一般人奈何不了他。

皮特心想外边快要下雨了，堂弟一个人呆在阳台上被雨淋了会生病的。就假装看看楼上是否还有没收拾好的东西。看见堂弟果然还在那里呆呆地蜷缩着。皮特平声静气地安抚道："你看外边快要下雨了，这楼上也没有遮风挡雨的，你在这里怎么过夜呢？会被雨水淋坏的。"说完，皮特以为堂弟会跟着他走，没想到堂弟依然缩在那里一动不动。皮特知道堂弟是来他家偷钱的，然后皮特从钱包里拿出100美元，塞进堂弟的手里，堂弟这才跟皮特乖乖地下楼了。

对于皮特的行为，大多数人认为这是对犯罪的纵容，其实不然。因为皮特的堂弟是一名精神病患者，他没有跟我们正常人一样的思维逻辑能力，作为一个正常的人是有义务用一颗宽容的心去包容对待这个特殊群体的。皮特给他钱，是满足了他的小小"愿望"，也是出于皮特自己的悲天悯人之心。也许皮特的堂弟还会接着去他家，接着去跟他要钱，但是我们在对待精神病人的时候，这种"理智的纵容"其实就是宽容。

宽容是一种果敢的风度。我们以坦荡的心境、开阔的胸怀来应对生活，让原本平淡、烦躁、激愤的生活散发出迷人的光彩。

宽容需要一颗博大的心

有时候宽容就是站在对方的立场，将心比心，关注对方的感受。

现实中不乏自私自利的人，这种人做事总是以自己的利益为中心，不想付出就有所收获，结果往往是恰恰相反。如果你懂得付出宽容，你将收获无穷。

宽容是一个人珍贵的品质，宽容可以超越一切，因为宽容包含着人的心灵，因为宽容需要一颗博大的心。而缺乏宽容，就缺乏一颗博大仁爱的心。

宽容并非仅仅是原谅，宽容更是一种智慧和力量的体现。劳伦斯·斯特恩说："只有勇敢者才懂得怎样宽容……懦夫是绝不会宽容的，这不是他的性格。"

宽容，意味着一种善意的理解和理解之后的爱和关怀。宽容的伟大在于发自内心，真正的宽容总是真诚的、自然的。一个懂得宽容的人，他的心胸一定是宽广的，他的心灵一定是充满仁爱的。

这是一个让人灵魂震撼的故事。二战期间，一支部队在森林中与敌军相遇，经过一场激战，有两名来自同一个小镇的战士与部队失去了联系。他们俩相互鼓励，相互宽慰，在森林里艰难跋涉。10多天过去了，仍然没有与部队联系上。他们靠身上仅有的一点鹿肉维持生存。又经过一场激战，他们巧妙地避开了敌人。刚刚脱险，走在后面的战士竟然向走在前面的战士安德森开了枪。

子弹打在安德森的肩膀上。开枪的战士害怕得语无伦次，他抱着安德森泪流满面，嘴里一直念叨着自己母亲的名字。安德森碰到开枪的战士发热的枪管，怎么也不明白自己的战友会向自己开枪。但当天晚上，安德森就宽容了他的战友。

后来他们都被部队救了出来。此后30年，安德森假装不知道此事，也从不提及。安德森后来在回忆起这件事时说：战争太残酷了，我知道向我开枪的就是我的战友，知道他是想独吞我身上的鹿肉，知道他想为了他的母亲而活下来。直到我陪他去祭奠他的母亲的那天，他跪下来求我原谅，我没有让他说下去，而且从心里真正宽容了他，我们又做了几十年的好朋友。

安德森在得知自己的战友对自己开了黑枪之后，完全可以将他置于死地。但安德森竟然从战争对人性的扭曲、人求生存求团圆的天性上原谅了他的战友，依然与曾经想杀害自己的人做了一生一世的朋友。

宽容是一种最高贵的美德，没有人穷困到无机会表达宽容的地步。施行宽容是接近神灵本性的途径，没有人能比施行宽容的人更强大，更自豪。

1917年1月4日，一辆四轮马车驶进北京大学的校门，徐徐穿过校园内的马路。这时，早有两排工友恭恭敬敬地站在两侧，向蔡元培，这位刚刚被任命为北大校长的传奇人物鞠躬致敬。

新校长缓缓地走下马车，摘下他的礼帽，向这些杂工们鞠躬回礼。在场的许多人都惊呆了：这在北大是前所未有过的事情，北大是一所等级森严的官办大学，校长是内阁大臣的待遇，从来就不把工友放在眼里。今天的新校长怎么了？

作为一校之长的蔡元培这样谦恭地向身份卑微的工友行礼，在当时的北大乃至中国都是罕见的现象。兼容并包是一种博大的胸怀，尊重杂工也是一种伟大的胸怀。这不是件小事，北大的新生由此细节开始。

古希腊哲学家赫拉克利特说："我们要学会开拓生活的领域，理解，就是宽容。"宽容意味着我们要学会不仅对我们的错误，而且对我们的全部经历心怀感激之情；意味着一种善意的理解和深切的关怀。

哲人说："一个人的心胸有多宽广，他就能赢得更多的人。大凡杰出人物，都无一例外地具有博大的胸怀和宽容的美德。"

日本经营之神松下幸之助以骂人出名，但是也以最会栽培人才而出名。他的这两个不同的形象，因为宽容，因为真诚与关怀而有机地整合在了一起。

有一次，松下幸之助在一家餐厅招待客人，一行6个人都点了牛排。等6个人都吃完主餐，松下让助理去请烹调牛排的主厨过来，他还特别强调："不要找经理，找主厨。"助理注意到，松下的牛排只吃了一半，心想一会儿的场面可能会很尴尬。

主厨来时很紧张，因为他知道今天请的客人来头很大。"是不是有什么问题？"主厨紧张地问。"烹调牛排，对你已不成问题，"松下微笑着说，"但是我只能吃一半。原因不在于厨艺，牛排真的很好吃，但我已80岁了，胃口大不如前。"主厨与其他的5位用餐者困惑得面面相觑，大家过了好一会才明白是怎么一回事。

"我想当面和你谈，是因为我担心，你看到吃了一半的牛排送回厨房，心里会难过。"松下接着说。

又有一次，松下对一位部门经理说："我个人要做很多决定，并要批准他人的很多决定。实际上只有40%的决策是我真正认同的，余下的60%是我有所保留的，或者说是我觉得还算过得去的。"经理觉得很惊讶，假使松下不同意的事，大可一口否决就行了。

"你不可以对任何事都说不，对于那些你认为算是还过得去的计划，你大可在实行过程中指导他们，使他们重新回到你所预期的轨迹。我想一个领导人有时应该接受他不喜欢的事，因为任何人都不喜欢被否定。"

一个时时能为别人着想，关注对方感受的人，他所散发出来的人格魅力让我们久久地折服。因为他们以"爱"为出发点，去欣赏他人的优点，用真诚的心态，诚心诚意地去发掘他人的特色，并懂得处处为别人留有余地。

一个懂得宽容的人总是会设身处地地为对方着想，他的心灵必定是充满仁爱和阳光的。在这样一颗博大的心灵中是找不到"烦躁"这个词的。

不必烦恼，坦然接受不完美

金无足赤，人无完人。每个人都是不完美的，十全十美的人是不存在的。每个人都是被上帝咬过的苹果，有的人缺陷比较大，那是因为上帝特别喜爱它的芬芳。每个人都有缺陷，而许多缺陷往往是与生俱来的，譬如相貌、秉性、智商、能力等方面的缺陷，一经形成后，就很难改变。因此，我们要去适应它，悦纳它，要换个角度看待自己的缺陷，它的另一面就是完美。正是因为人有了缺陷，才能突出另一方面的完美。有时，正是缺陷成就了我们的人生。

不必因相貌丑陋而苦恼

一个人的外貌是无法选择的，而内在的美，却是可以由自己来塑造的。

俗话说："爱美之心，人皆有之。"说明我们每个人都有追求美的天性。每个人都希望自己有良好的外表，尤其是女人更是注重其容貌。她们常常揽镜自照，遗憾自己眼睛小了，或者说自己嘴唇厚了，抱怨自己没有一张漂亮的脸蛋，而且还长了几颗不雅观的"黑点"，她们经常会因为自己长得不够漂亮而烦恼。

我们无法选择自己的相貌，因为相貌是天生的，但我们不能因为相貌微瑕就为此失去自信，世上的事都不是绝对的，有些外表不美但智慧美、心灵美的人同样可以以其精神面貌成为强者。

战国时期的钟离春，是我国历史上有名的丑女。她德才兼备却容颜丑陋，年四十未嫁，许多古书里动不动就说"貌比无盐"，跟"貌如西子"呼应。究竟钟离春丑到何种程度？书载她额头、双眼均下凹，上下比例失调，肚皮长大，鼻孔向上翻翘，脖子上长了一个比男人还要大的喉结，头颅硕大，又没有几根头发，皮肤黑得像漆。

钟离春虽然长了一副让人吃惊的模样，但她志向远大。当时执政的齐宣王，政治腐败，国事昏暗，而且性情暴躁，喜欢吹捧，钟离春为拯救国民，冒死自请见齐宣王，陈述齐国危难四条，并指出如再不悬崖勒马，将会城破国亡。齐宣王大为感动，把钟离春看成是自己的一面宝镜。其谏议为宣王所采纳，立为王后，从此国大治。

钟离春虽然相貌丑陋，但她不以自己的容貌而自卑，用智慧美、品德美取代了相貌丑。她之所以那么大胆谏言，就是因为她自信。自信给予了她勇气、力量和智慧，敢于做别人不敢做甚至不敢想的事。

一个人的美与丑，并不在于一个人的本来面貌如何，而在于他的内心。内心的美能弥补外表的缺陷，内心的美才是真正的美。解放黑奴的美国总统林肯，不仅是私生子，出生微贱，且面貌丑陋，言谈举止缺乏风度，他对自己的这些缺陷十分敏感。为了补偿这些缺陷，他力求从教育方面来汲取力量，拼命自修以克服早期的知识贫乏和孤陋寡闻。他在烛光、灯光、水光前读书，尽管眼眶越陷越深，但知识的营养却对自身的缺陷作了全面补偿。他最终摆脱了自卑，并成为有杰出贡献的美国总统。

人们常说："世上本无事，庸人自扰之。"世上本无烦恼，所谓烦恼只不过是庸人自扰。因为自己的"其貌不扬"徒增烦恼，是完全没有必要的。众所周知，面容是天生的，是上帝合理搭配好赐予我们的，是无法选择和改变的。其次，漂亮不漂亮，它根本没有一定标准，许多爱漂亮的人喜欢以广告电视中的理想美人作为参照与其比较。须知，像电视中那些理想美女在人群中本来就是凤毛麟角，在我们生活的周围，绝大多数人都是相貌平平的。所以我们处于这绝大多数的人群队伍中，是完全没必要为自己的相貌发愁的。

近几年来，随着物质条件的不断优越，很多地方开始流行整容，这实在是追求美的误区。

一个女人和一个男人过着幸福而快乐的生活，但长期以来，这个女人一直都为自己的身材和相貌而感到自卑。即使其丈夫从来没有对她评说过什么，但她内心始终结着一个小结。后来女人对丈夫撒谎说单位派她出国深造，其实是她想到国外去整容。两年以后，当她兴致勃勃地回到家时，面对的是丈夫的默然和疑惑。两人别扭地生活了一段时间后，丈夫提出了离婚。女人困惑而苦恼，她没想到她为他去整容，可换来的却是离婚的结果。当她问丈夫为什么不喜欢现在美丽漂亮的她时，其丈夫说，在他眼里，妻子永远是那个身材有些臃肿、下巴长着一颗痣的女人，而绝不是眼前的她。

一个人的相貌是天生的，如果刻意去改变可能适得其反。正如故事中的女人她因形貌产生的烦恼是多余的，因为丈夫从未觉得妻子丑陋。

西方有句谚语说得好："人只有一种方法使自己漂亮，却有一百种方法使自己可爱。"如果你懂得悦纳自己的外貌，又以丰富的知识充实自己的头脑，注意自身的修养和气质的培养，那么你会因杰出的人格魅力变得美丽可爱。

法国大作家雨果的巨著《巴黎圣母院》里那位集外貌的极端丑陋和心灵极端美好、善良于一身的敲钟人卡西摩多，曾震撼过无数人的心。可以说，人最留不住的就是漂亮的外表，因为它会随青春的逝去而逝去，我们虽然没有漂亮的外表，但我们可以追求一种内在美。我们可以用心灵美来弥补相貌不美的缺陷，取长补短。

　　这说起来容易，做起来并没有那么简单，这需要我们用真诚、用爱心去与人交往，帮助那些需要你帮助的人，天长日久，你就会给别人留下美好的印象。追求一种心灵美，我们会结交更多真诚的朋友，追求一种内在美，因为我们可以永远地把它留住，它会使我们终身受用，使我们的人生焕发出更灿烂的光彩。

　　因此，决定一个人美与否，主要不是外貌，而是心灵。一个人的容貌长得再漂亮，也无法牵住逝去的岁月，无法容颜永驻。而内心的美，却将随着岁月的增加，心灵的日益净化，而愈加显示它的光彩，受到别人的尊敬。

不必烦恼，方法总比问题多

　　困难面前无谓的烦恼是没有用的，你要相信方法总是比问题多。

　　我们在生活和工作中，总是会遇到这样那样的问题和困难，这也是引起烦恼的一大根源。在困难面前怨天尤人，烦躁不安是没有用的。你烦恼的结果除了消耗你的精神外，问题依然存在，依然得不到解决。

　　深陷挫折的泥潭与其烦躁不如勇敢面对。你要相信，方法总比问题多。一个问题出现了，必然有其相应的解决方法。只要你开动脑筋，认真思考，问题就会迎刃而解。

　　1956年，美国福特汽车公司推出了一款性能优越、款式新颖、价格合理的新车。但这款新车的销售业绩却平平，完全没有达到当初的预期效果。公司的经理们焦急万分，但绞尽脑汁也没有找到让产品畅销的办法。

这时，刚毕业的见习工程师艾柯卡是个有心人，他了解了情况后就开始琢磨怎样能让这款汽车畅销起来。终于有一天，他灵光一闪，于是径直来到经理办公室，向经理提出了一个创意，在报上登广告，标题是："花56元买一辆56型福特。"这是个很吸引人的口号，很多人纷纷打听详细的内容，原来艾柯卡的方法是：谁想买一辆1956年生产的福特汽车，只需先付25%的贷款，余下部分可按每月付56美元的办法分期付清。

他的建议被公司采纳，而且成效显著。"花56元买一辆56型福特"的广告深入人心，它打消了很多人对车价的顾虑，创造了一个销售奇迹。艾柯卡的才能很快受到赏识，不久他就被调往华盛顿总部成为地区经理，并最终坐上了福特公司总裁的宝座。

艾柯卡这个广告极有创意，不仅解决了福特56的销售危机，也成为他命运的转折点。这就是寻找方法的妙处，不怕困难，勇于创新。

我们每个人都难免会遇到困难，成功的人士对待困难的做法是：努力寻求解决的办法，而不是徒然地烦躁抱怨，抱怨常常使我们错过了解决问题的好机会。

克服困难的秘诀就在于用大脑想方法，用智慧消除烦恼。不管生活中遇到什么困难，都要在必要的时候停下来好好想一下，而不要觉得事情就是这样了，再怎么努力也没办法了。你只有主动想办法解决任何困难，坚持不懈，才能走出困难的泥坑。

失败者总是唉声叹气地为自己的失败找借口，而成功者永远乐观从容地为成功找方法，因为他们深信：方法总比困难多。

一个人有信念，相信一定可以有办法，就会不断地去寻找方法，直到成功。相反一个没有信念的人，总是会为自己找各种各样的借口，为自己开脱，安慰自己，逃避现实，走向一个接着一个的失败，使自己永远陷入烦恼的恶性循环中。

　　美国国务卿赖斯是一个黑人。她在9岁的时候有一次跟她爸爸经过美国的白宫时，好奇地问她爸爸："爸爸，这是什么地方？"爸爸告诉她这是白宫。赖斯继续问："白宫是干什么的？"爸爸告诉她白宫是美国最高领导人工作的地方，它左右着美国的发展，甚至影响着整个世界。

　　赖斯天真兴奋地说："爸爸，那我以后要到这里来上班。"爸爸无比痛心地告诉她这是不可能的。赖斯问为什么。"因为你是一个黑人。"父亲觉得有点对不起她。赖斯听不懂继续问为什么黑人不可以。"因为黑人在美国没有地位。"爸爸陷入了悲愤中。赖斯固执地说："爸爸，我就是要到这里来上班。"这位了不起的爸爸看着赖斯说："如果你真的想来这里上班的话，除非你付出白人8倍的努力。"那天回家赖斯就写下了白宫，写下了付出白人8倍努力的决心。

　　赖斯终于走进了白宫，凭的是什么。信念，必须到白宫上班的信念，让她找到了方法，付出了白人8倍的努力。

　　身为受人歧视的黑人，赖斯并没有因为自己地位低下而自卑不已，而是勇敢地付出自己的努力，赖斯最终实现了自己的梦想。

　　其实，在生活中遇到困难不一定是坏事，这有可能是我们时来运转的机会。现代心理学的研究表明，在困难面前积极想办法的态度会激发我们的潜在智慧。因此，一些成功人士在遇到困难的时候，非常注意营造一种动脑筋、想办法的氛围，他们相信天无绝人之路，而无路可走的人总是那些不下功夫找路的人。

　　要找到解决问题的突破口使自己走出困境，我们首先得对问题分析透彻，然后才能对症下药。我们必须找出问题的关键点来，而不能去误打误撞，那样成功的几率很小。很多问题是纷繁复杂、环环相扣的，我们要能追本溯源，找出问题的症结所在，然后再想办法从根本上加以解决。

方法总是比问题多的，只要我们能想得出来又能起到良好效果，都可以称之为方法。只要我们用心去找，总会找到的。一种方法可以解决不同的问题，一个问题也可以用不同的方法去解决。很多时候不是没有方法，而是没想到最好的方法。所以，我们还要善于开拓创新，用行之有效的新方法来解决问题。

好的方法是解决问题的关键，有了好的方法，再难的问题也会迎刃而解。所以，当我们遇到问题时，与其费心思为自己的失败找各种借口，不如努力找一个解决问题的好方法。不要做一个为失败找借口的人，而要做一个为成功找方法的人。

我们不应为自己的失败而苦恼不已，而应多为成功不懈地寻找方法。因为烦恼埋怨是懦弱的表现。拥抱生活中的一切不如意，接受自己不完美的生活，我们的人生才能充满幸福的阳光。

别只看缺陷，而忽略了优点

一个人总是关注自己的缺陷就会蒙蔽发现自己优点的眼睛，擦亮你的眼睛，找到你的优点。

生活中的我们常常因为自己的缺点和不足而烦恼，其实是我们过于关注自己的缺点，而忽视了我们的优势。因为我们不了解自己的优势是什么，故常常过高或过低地估计自己的能力，本来有能力做成的事，结果因犹豫不决而错失良机；本来需积累力量借助他人才能做成的事，结果因求胜心切而独自贸然出击。取得成功的关键是要清醒地面对自己，发现自己的优势，并利用自己的优势去获取成功。

所谓优点、优势，就是任何你可以运用的才干、能力、技艺与你的人格特质，这些有时就是使你能有贡献、能继续成长的要素。

弄清楚自己到底有哪些优点，弄清楚自己到底是一块什么"料"，因为人生的成功就靠我们提供的"料"了。

成功需要优点，需要我们去扬己之长避己之短。

比如，你擅长形象思维，或者擅长抽象思维，那么，你就不要强求自己去做自己并不适合做的事情，因为你即使做了恐怕也难以有收获。从另一个角度讲，即使你的工作环境暂时与你的自身优势和你的优点有所不合，这时候你仍可积蓄自身的潜能，力求在本质工作中创出一个可以扬己之长避己之短的小环境来。

无论在学习还是工作中，你不必为自己的缺陷而烦恼，其实你有自己的优势，只要发挥自己的优势，给优势插上翅膀，寻找一切展示的机会，你的未来一定别有洞天。

一个青年到巴黎找工作，期望父亲的朋友能帮助自己找一份谋生的工作。

父亲的朋友问："数学精通吗？"青年羞涩地摇头。

"历史、地理怎么样？"青年还是不好意思地摇头。"那法律呢？"青年窘困地垂下头。

"会计怎么样？"父亲的朋友接连地发问，青年都只能摇头告诉对方——自己几乎从来就一无长处，连丝毫的优点也找不到。

"那你先把自己的住址写下来，我总得帮你找一份事做。"青年羞涩地写下自己的住址，急忙转身要走，却被父亲的朋友一把拉住了："年轻人，你的名字写得很漂亮嘛，这就是你的优点啊，你不该只满足找一份糊口的工作。"

把名字写好也算一个优点？青年在对方眼里看到肯定的答案。哦，我能把名字写得叫人称赞，那我就能把字写漂亮，能把字写漂亮，我就能把文章写得好看……受到鼓励的青年，一点点地放大自己的优点，兴奋得脚步立刻轻松起来。

数年后，青年果然写出了具有世界影响力的经典作品。他就是家喻户晓的法国18世纪著名作家大仲马。

有些人总是很自卑，他总认为自己不如别人，并为此苦恼不堪。而事实上，人自卑与否与人的实际水平常常并没有多大关系。相反，自卑的人往往比他们自认为的要强许多。

世上的人都有弱的一面，有些人活得那么快乐、自信，而有些人却被自卑压得喘不过气来。一个很重要的原因便是：他们做了不同的选择。自信的人选择关注并发扬自己的长项，也就是自己的优势潜能。而自卑的人选择盯住并企图战胜自己的弱项。向弱项挑战并非不好，关键是有没有这个必要。

"人人是庸才，人人又是天才。"不要总以为自己是庸才，要知道人人都有可能成为天才，因为人人都有自己无穷的潜能和独一无二的优势，人人都有自己的最佳发展区。你也不要相信，有"最好的方法"，其实永远不存在"最好的方法"，永远不要相信那些标准化的成才模式。因为每个人的潜能和优势是不一样的，没有两个人是靠着一条道路成功的，所以你也没有必要去走别人走过的路，你的成功之道，就在于充分发挥你自己的优势。

安东尼·罗宾本来是一名贫穷潦倒的小伙子，26 岁时仍然住在仅有 10 平方米的单身公寓里，洗碗盆也只能在浴缸里洗，生活一团糟，人际关系恶劣，前途十分暗淡。然而，自从他发现内心蕴藏着无限的潜能之后，生活便开始大为改观，成为一名充满自信的成功者。如今，他是一位白手起家、事业成功的亿万富翁，是当今最成功的世界级激发心灵潜能专家、成功的创业家及卓越的咨商顾问，他协助职业球队、企业总裁、国家元首激发潜能，走过各种困境及低潮。他的著作在全世界已有十数种译本，受益的人不计其数。

其实每个人的潜能是无穷的，但是需要你去开发，去利用。不管是工作学习，不管是要克服本领恐慌还是战胜本领恐慌，都是要开发你的潜能。潜能开发了，本领强大了，自然也就不恐慌了。

发掘自己的潜能，首先要"认识自我"。没有发现自己潜能的人都是还没有清晰地认识自我，"认识自我"是镌刻在古希腊戴尔菲城那座神庙里唯一的碑铭，犹如一把千年不熄的火炬，表达了人类与生俱来的内在要求和至高无上的思考命题。

尼采曾说："聪明的人只要能认识自己，便什么也不会失去。"而我们每个人都有无穷无尽的潜能，每个人都有自己独特的个性和长处，每个人都可以选择自己的目标，并通过不懈的努力去争取属于自己的成功。

有一只小鸟儿很羡慕游手好闲、养尊处优的鸡。于是，有一天它自动放弃自由飞翔，加入到了鸡的行列。这是一只能够飞得很高很高、唱得很美很美的鸟儿。但为了博得鸡们的好感，它不得不深藏起自己的本领。飞，也只是像鸡一样拖着翅膀贴着地面瞎扑腾；唱，也只是像鸡一样拿捏着嗓子喔喔乱叫。久而久之，它也就忘记了自己的飞翔和歌唱，变成了一只地地道道的鸡。后来，鸟儿所在的鸡群碰到了一只凶恶剽悍的狐狸。生死存亡关头，鸟儿想到了飞翔，可它却无论如何也不能像过去那样箭似的冲上蓝天，只是掠出去不过一丈远，便像块石头重重地摔在了地上。临被狐狸咬断脖子时，鸟儿悔恨交加地说："我真不该为了贪图一时的安逸而放弃自由的飞翔啊！"

小鸟主动放弃了自己的优势，最终招致杀身之祸。每个人都有不同的优势，关键是我们要懂得发挥自己的优势。

心理学家发现，每个人都具有某项与众不同、独一无二的优势。优势是自己最擅长的能力，每个人肯定都有自己的优势，唯一不同的是每个人的优势不一。所以你要认识自己的能力，发挥自己无穷的潜能，然后取得成功就近在咫尺了。

一个取得成功的人必定是一个善于发现自己优势的人。擦亮你的眼睛，发现自己的优势，你就会靠近成功和快乐。

缺陷也是一种美

完美往往让我们失去很多美好的东西，或许正是缺陷成就了精彩的人生。

不论古人还是今人，美都是人们谈论的话题，人人都追求美，人人都希望自己有一个美的生活、美的人生，但每个人都认为完美才是美的，其实，缺陷是另一种美。

任何事物都是辩证的，十全十美的事物是不存在的，每个事物都有两面性，因为有了缺陷才知道了一个事物的特点。有时候缺陷也可以成为一种美，仍可以放射出光彩。因为维纳斯的断臂，而得到了很多艺术家的关注，想要给它接臂，可是它的缺陷也是一种美，不是这种缺陷，它能得到这么多人的关注吗？如果它是一个完美的，那世界上完美的塑像很多，它也就没有特点了。

缺陷并非永远都是不好的，也许不经意间就造就了另一种美丽。因此，我们不要埋怨缺陷，更不要因为自己的缺陷而苦恼不已，面对自己的缺陷我们要坦然一些，说不定哪一天缺陷会成就你的精彩人生。

卡丝·黛莉颇有音乐天赋，然而她却长了一口龅牙。第一次上台演出的时候，为了掩饰自己的缺陷，她一直想方设法把上唇向下撇着，好盖住暴出的门牙，结果她的表情看起来十分好笑。

她下台后一位观众对她说："我看了你的表演，知道你想掩饰什么。其实这又有什么呢？龅牙并不可怕，尽管张开你的嘴好了，只要你自己不引以为耻，投入地表演，观众就会喜欢你。"

卡丝·黛莉接受了这个人的建议，不再去想那口牙齿。从那以后，她关心的只是听众，像一切都没有发生那样张大了嘴巴尽情唱歌，最后成为了一位非常优秀的歌手。

一口龅牙并没有给她带来任何不良影响，相反还成了她形象的一大特色。人们接受甚至喜欢上了她的龅牙，就像喜欢她的歌声一样。从某种意义上说，外露的牙齿和她的歌声一起，才构成了一个完整的卡丝·黛莉。

这个事例说明一个道理：缺陷也是一种美，一种与众不同的美丽。因为每个人的缺陷，世界才会多姿多彩；因为缺陷，我们才会奋起直追，成就另一种美丽，创造令人惊叹的辉煌。

　　所以，我们没有必要刻意掩饰自己的缺陷，有缺陷的美也是一种美。中国古代的四大美女都有自己的一点缺陷，可掩盖不了四大美女的美丽绝伦。十全十美的人是没有的，一个人不可能没有缺点。"水至清则无鱼。"生活中有一些遗憾，生命中有一些缺憾，可能这才是真正的生活和生命。我们做事情总追求完美，这本没有错，可是要容许一个人的失误和失败。也许从失误和失败中还能总结出教训，获得意想不到的东西。

　　所以这样看来，失败并不可怕，我们也没有必要为失败而灰心丧气，甚至一蹶不振。失败仅仅是一种人生的经历，没有人一生都与成功为伴。当失败降临，当你陷于人生的泥淖，你应以一种怎样的姿态去面对，应抱着一种怎样的心情去对待，这才是关键。不要害怕，不要躲避，缺陷也是一种美。

　　我们常常抱怨自己时运不济，觉得自己不能脱颖而出。把眼光低下来，看看自己的平庸之处，甚至有缺陷的部分。说不定在那里，我们也会发现那些一直深藏着而有价值的东西。沙里淘金，你自身的优势就会被一点一点挖掘出来。

　　国王有7个女儿，这7位美丽的公主是国王的骄傲。

　　她们那一头乌黑亮丽的长发远近皆知。

　　所以国王送给她们每人100个漂亮的发夹。

　　有一天早上，大公主醒来，一如往常地用发夹整理她的秀发，却发现少了一个发夹，于是她偷偷地到了二公主的房里，拿走了一个发夹。

　　二公主发现少了一个发夹，便到三公主房里拿走一个发夹；

　　三公主发现少了一个发夹，也偷偷地拿走四公主的一个发夹；

　　四公主如法炮制拿走了五公主的发夹；

五公主一样拿走六公主的发夹；六公主只好拿走七公主的发夹。

于是，七公主的发夹只剩下99个。

隔天，邻国英俊的王子忽然来到皇宫，他对国王说："昨天我养的百灵鸟叼回了一个发夹，我想这一定是属于公主们的，而这也真是一种奇妙的缘分，不晓得是哪位公主掉了发夹？"

公主们听到了这件事，都在心里想说："是我掉的，是我掉的。"

可是头上明明完整地别着100个发夹，所以都懊恼得很，却说不出。

只有七公主走出来说："我掉了一个发夹。"

话才说完，一头漂亮的长发因为少了一个发夹，全部披散了下来，王子不由得看呆了。

故事的结局，当然是王子与七公主从此一起过着幸福快乐的日子。

有时候，缺憾不需要你费尽心思去补足，顺从自然就是最好的，否则会适得其反。100个发夹，就像是完美圆满的人生，少了一个发夹，这个圆满就有了缺憾；但正因缺憾，未来就有了无限的转机，无限的可能性，何尝不是一件值得高兴的事。

美丽圣洁的莲花虽然生长在淤泥里，但正因为它身处这样的环境，人们才称赞它"出淤泥而不染"；昙花的绽放是美的，但只能"昙花一现"，正因为它开花的时间很短，才得到很多人的观赏，为了看这美的一刻，而一整天都在等待着。缺陷美是美的，正因为得到了这么多人的关注，正因为缺陷，而锻炼了人的心志，使人变得更美。

著名的科学家霍金因得了不治之症，而全身瘫痪，只剩两根手指头可以动，就因为这个缺陷，使他更加努力学习，钻研科学，研究出了黑洞的奥秘，为人类带来了宝贵的财富；海伦·凯勒因双目失明、双耳失聪而给生活带来很大不便，但她不把这缺陷当成自己的绊脚石，而把它当作动力，写出了《假如给我三天光明》的著作，从而激励更多的人珍惜自己的美好生活。

智者总是用缺陷碰撞出美的火花，将缺陷转化成美，让每个人关注，值得每个人学习，如果不是这缺陷，或许就不会有后来美的奇迹的发生，因此不要把缺陷看成自己的负担，我们何不将其看作一件快乐的事呢？

虽然缺陷是一种不完美，但在一定的条件下却能变成完美。玉是因为有瑕疵而美的，我们不要因缺陷而悲伤，要把它当作激励我们的动力。

学会接纳不完美的自己

每个人都是不完美的，不必为此郁闷，悦纳自己才能活得快乐。

我们常常看到这样一种现象：好多人因自己的不完美而愁闷不已，甚至开始讨厌自己，故意跟自己过不去。拒绝和厌恶自己的人永远被苦闷所缠绕，他们总是拒快乐于千里之外。

只有懂得悦纳自己的人才能获得快乐。悦纳自己就是能够真正了解、正确评价、乐于接受并喜欢自己。承认人是有个体差异的，允许自己不如别人。

美国心理学家马斯洛曾对人生的快乐说过这样一句话："他们（懂得快乐的人）较少焦虑与仇视，较少需要别人的赞美与感情，他们具有真正的心理自由，他们超然于物外，泰然自若地保持平衡，他们对个人不幸也不像一般人那样反应强烈，他们具有集中注意的能力，表现出熟睡的本能和不受干扰的食欲，面对难题而谈笑风生。"简单地说就是：不以物喜，不以己悲，不怨天尤人，从容、坦然地面对一切。

　　一个农夫有两个水桶，分别吊在扁担的两头，其中一个桶子有裂缝，另一个则完好无缺。每趟长途挑运之后，完好无缺的桶子，总是能将满满一桶水从溪边提到农夫家中。但是有裂缝的桶子到达农夫家时，却只剩下半桶水。

　　两年来，农夫就这样每天挑一桶半的水回到自己家。当然，好桶子对自己能够送整桶水感到很自豪。破桶子呢？对自己的缺陷则非常惭愧，他为自己只能负起一半的责任而感到很难过。

　　饱尝了两年的苦楚，破桶子终于忍不住，在小溪旁对农夫说："我很惭愧，必须向你道歉。""为什么呢？""过去两年，因为水一直从我这边一路地漏，我只能送半桶水到你家。我的缺陷，使你做了全部的工作，却只收到一半的成果。"破桶子说。农夫说："我们回家的路上，我要你留意路旁的花朵。"

　　果真，他们走在山坡上时，破桶子眼前一亮，他看见五颜六色的花朵开满路的一旁，沐浴着温暖的阳光。这景象使他开心了许多。但是，走到小路的尽头，他又难受了，因为一半的水又在路上漏掉了。破桶子再次向农夫道歉。农夫温和地说："你有没有注意到小路的两旁，只有你的那一边有花，好桶子的那一边却没有花呢？我明白你的缺陷，因此我善加利用，在你那边的路旁播撒了花种。每回我从溪边回来，你就替我一路浇了花！两年来，这些美丽的花朵装点了我的餐桌。要不是你这个样子，我的桌上也没有这么好看的花朵了。"

　　其实，我们每个人何尝不是那只有裂缝的桶子。不完美，有缺陷，但是这并不可怕，可怕的是看不到自己的价值，把自己说得一无是处，从而破罐子破摔。

人生本来就不完美，但并不是说一无是处。只要我们用心去珍惜，扬长避短，人生照样可以开出美丽的花朵。唐代大诗人李白自信地说："天生我材必有用。"不要只看到自己的缺点而看不到自己的优点。无心插柳柳成荫。也许，正是因为我们的某些错误和缺点，反而成就了一种更美丽的风景。

当我们能够正视自己心灵的缺陷，正视自己的不足时，也就意识到了这些"缺点"的积极意义。我们只需要引导自己的行为，既不刻意压抑自己，也不刻意否定自己，这样就可以化缺点为优点。

承认和接纳不完美的自己才能拥有完整的人生。我们每个人都是矛盾的统一体，是各种积极与消极的特质彼此调和的结果，无论少了哪一方面都称不上完整。

张海迪 1955 年出生在山东半岛文登县的一个知识分子家庭里。5 岁的时候，胸部以下完全失去了知觉，生活不能自理。医生们一致认为，像这种高位截瘫病人，一般很难活过 27 岁。在死神的威胁下，张海迪并没有悲观绝望，她愉悦地接纳了自己。她认为自己虽然是个残疾人，但能做的事情还很多。

她在日记中写道："我不能碌碌无为地活着，活着就要学习，就要多为群众做些事情。既然是颗流星，就要把光留给人间，把一切奉献给人民。"

认准了目标，不管面前横亘着多少艰难险阻，都要跨越过去，到达成功的彼岸，这便是张海迪的性格。有一次，一位老同志拿来一瓶进口药，请她帮助翻译文字说明，看着这位同志失望地走了，张海迪便决心学习英语，掌握更多的知识。从此，她的墙上、桌上、灯上、镜子上乃至手上、胳膊上都写上了英语单词，还给自己规定每天晚上不记 10 个单词就不睡觉。家里来了客人，只要会点英语的，都成了她的老师。经过七八个年头的努力，她不仅能够阅读英文版的报刊和文学作品，还翻译了英国长篇小说《海边诊所》，当她把这部书的译稿交给某出版社的总编时，这位年过半百的老同志感动得流下了热泪，并热情地为该书写了序言：《路，在一个瘫痪姑娘的脚下延伸》。

以后，张海迪又不断进取，学习了日语、德语和世界语。张海迪还尽力帮助周围的青年，鼓励他们热爱生活、珍惜青春。

身体上的缺陷没有给张海迪造成心灵上的缺陷。她没有因自己的不幸而烦恼，而是坦然地接受生命赠予她的一切，她用乐观的精神和坚强的意志做到了常人所做不到的事，创造了一个个奇迹。

一个生命充满苦难的人都能摒弃烦恼，悦纳自己，我们更应该懂得接受不完美的自我。

悦纳自己，同时也是自我的赞赏与鼓励，乐于接纳自己，从心底里喜欢自己，才能真正了解自己，能真正地审视自己，也会很客观地评价自己，自己会很乐于承认自己的能力，让自己充满自信，适合自己的才是最好的。

每个梦想都伴随着自己辛苦的汗水与痛苦的泪水，成功的喜悦不是随随便便就可以得来的，成功的秘诀在于自己肯不肯努力，不管路有多远，也不管路上遇到什么样的挫折、困难和苦难，一步一个脚印。汗水和血泪告诉自己只要努力拼搏了，哪怕自己每天只有一点点的进步，只要自己肯定自己、接受自己，消除无谓的烦忧，每天给自己一个鼓励的微笑，坚持走下去，你定会拥有属于自己的那片天空。

面对失败，不焦不躁

人生失败在所难免，失败了不要灰心、不要叹气，乐观一点，勇敢地走下去。

失败为成功之母，也就是说失败与成功同样重要。为什么这样说呢？因为失败会激励成功者，也会击垮失败者，这是成功者之所以成功的原因，也是失败者之所以失败的因素。

每个人在一生中都有一门重要的学问要学，那就是怎么去面对"失败"，处理的好坏往往就决定了我们一生的命运。

所以，失败并不重要，重要的是我们如何面对失败。失败者与成功者的区别不是在于他们失败的次数多寡，而是在他们失败后有什么不同的态度和作为。

好多人因为一次小小的失败而闷闷不乐，甚至痛哭流涕，这是心灵脆弱的表现。一个具有乐观精神的人总能够坦然面对失败。

20世纪最伟大的物理学家爱因斯坦，从小就喜欢动手动脑。还是四五岁的时候，他由于迷上了爸爸送给他的罗盘，以致整天精神恍惚，沉默不语，父母亲还误以为他生病了。

爱因斯坦上小学后，对劳作课特别感兴趣。有一次，教劳作的老师让同学们制作各自最喜爱的物品。孩子们一个个都使出了全身的本领：有的用泥巴捏成漂亮的公鸡，有的用破布裹成活泼的小狗，还有的用色蜡做成鲜艳的瓜果……

下课铃响了，爱因斯坦最后一个把作品送到讲台前。老师低头一看，差点儿笑出声来。原来爱因斯坦交上的是一只粗糙简陋的小板凳。老师摇了摇头，用挖苦的口吻说："我想，世界上再没有比这更坏的凳子了！"同学们被说得哄笑起来。

"有的！有比这更坏的！"爱因斯坦一边斩钉截铁地回答，一边转身返回课桌，动作麻利地拿出两只更难看的小板凳，"这两个就更差些。这是我第一次和第二次制作的，交给您的这个已经是第三只了。虽然它还不能令人满意，但总比前两个要好一些。"

老师拿起三只小板凳，端详着，若有所思。"哎，多么可爱的孩子啊！"他情不自禁地自言自语起来。

成功没有一定法则可依循，不过你却能够从失败中学习到许多心得。必胜客的成功要归因于他从错误中学得经验。伟大的失败与出色的成功一样有价值。

松下幸之助有句名言，他说："在我的人生字典里，永远没有失败一词，因为每一次失败是我弥补某种不足的一次机会。"每失败一次，就离成功更近了些。

发明大王爱迪生也说："我才不会沮丧，因为每一次错误的尝试都会把我往前更推进一步。"当他还不知道什么是正确时，最少他已经学习到：什么是错误的。

在美国，有一位穷困潦倒的年轻人，即使当他身上全部的钱加起来都不够买一件像样的西服的时候，仍全心全意地坚持着自己心中的梦想，他想做演员，拍电影，当明星。

当时，好莱坞共有500家电影公司，他再清楚不过了。他根据自己认真计划的路线与排列好的名单顺序，带着为自己量身定做的剧本前去一一拜访。但第一遍下来，所有的 500 家电影公司没有一家愿意聘用他。面对百分之百的拒绝，这位年轻人没有灰心，从最后一家被拒绝的电影公司出来之后，他复又从第一家开始，继续他的第二轮拜访与自我推荐。

在第二轮的拜访中，拒绝他的仍是 500 家。

第三轮的拜访结果仍与第二轮相同。这位年轻人咬牙开始他的第四轮拜访，当拜访完第 349 家后，第 350 家电影公司的老板破天荒地答应愿意让他留下剧本先看一看。

几天后，年轻人获得通知，请他前去详细商谈。就在这次商谈中，这家公司决定投资开拍这部电影，并请这位年轻人担任自己所写剧本中的男主角。这部电影名叫《洛奇》。

这位年轻人的名字就叫史泰龙。现在翻开电影史，这部叫《洛奇》的电影与这个日后红遍全世界的巨星皆榜上有名。

史泰龙在先后共计 1849 次碰壁面前，没有打退堂鼓，继续坚持不懈，终于在第 1850 次获得成功。他的事例再次证明了这句哲理："失败乃成功之母。"

众所周知，没有人喜欢失败，也没有人愿意失败。因为，失败大多是一些令人痛苦的经验，甚至是让你的人生受到重创的体验。然而，不论是谁，一生从未经历过失败，总是一帆风顺的人是不存在的。不管你有多伟大，多么不同凡响，只要你是一个人，只要你是一步一步地走着你的人生之路，那么你就或多或少地经历过失败，只不过是轻重程度不同而已。

爱迪生发明电灯，试验失败了上万次，终于找到了用钨来做灯丝。别人问他，失败了那么多次，没想过放弃吗？他说，我的每一次失败只是说明了那种材料不适合做灯丝。让我寻找另外的材料，所以我最终能找到用钨来做灯丝，终于成功了。

　　所有渴望成功的人，都必须随时做好迎接失败的准备。不付出代价的成功是不可能存在的，你要想有所结果就必须付出勇气，这种勇气，就是如何坦然面对失败的勇气。你要知道，失败对于一个人来说，是一种非常重要的财富，你如何珍惜这种失败的财富，将成为你决定自己未来的先决条件。

　　困难和挫折，对于成长中的每个人来说，是一所最好的大学。无论什么人，只要他没有尝过饥与渴的滋味，他就永远也享受不到食物和水的甜美，不懂得生活到底是什么滋味；一个人，如果他没有经历过困难和挫折，就品味不到成功的喜悦，没有经历过苦难，就永远感受不到什么叫幸福。

　　良好的承受挫折的能力，受到挫折后的恢复能力和百折不挠、不向挫折屈服的精神，是成功人才不可缺少的素质。

　　要学会在艰苦的环境中，一洗养尊处优的习气，磨砺坚强的意志，学会在"黑暗中看到光明"的自信和技能。这样，他们才能在任何困难和挫折面前泰然处之，保持乐观。这是人生的无价之宝。

　　在现实生活中，人人都追求理想，大家都渴望成功。然而，挫折却像凛冽的寒风一样，摧枯拉朽，残酷无情。若想使春天的幼苗不被寒风刮折，就得拥有抵御寒风的措施。要想在无数次挫折中取得成功，唯一的办法就是通过努力提高自己抵御挫折的能力。

　　无论在生活中还是工作中，我们必须具备承受挫折和失败的能力。因为我们的人生总会遇到一些不如意的事，如果我们因此而悲观绝望，我们的人生将是一片黯然。要认识到人的一生失败、挫折、障碍和阻拦是必然的，但你要承受这种必然，接下去继续做，你的人生将会与众不同。

懂得取舍，别让得失扰乱心灵

舍得，有舍才有得；舍得，是一种智慧，是一种豁达，是一种人生境界。学会舍得，人生才能从容淡定，生活才会阳光灿烂。"舍得"二字，四两拨千斤般解释了人生旅途上大大小小的事物。没有舍，哪有得？每个人的一生都是在不断地得失中度过的，我们的不如意和不顺心其实都与得失之间的心理失衡有关。许多人因此而患得患失，这种人永远不会快乐。学会舍得，学会洒脱，你的人生同样可以有属于自己的精彩。

松开手，你将获得更大的自由

你的手握得越紧，烦恼越多。放开手，舍弃该舍弃的，你将会获得自由与快乐。

人生活在世间，总是会面临各种各样的选择，取舍往往乱人心扉，令人难以抉择。两千年前的孟子说过这样的话："鱼，我所欲也，熊掌，亦我所欲也，二者不可得兼，舍鱼取熊掌者也；生，我所欲也，义，亦我所欲也，二者不可得兼，舍生取义者也。"这正是从取舍的角度阐释了只有做到舍弃，才能够有所收获的道理。

一个懂得舍弃的人，必定收获更多的自由。人生太多的包袱会令人喘不过气来，丢掉这些包袱，你的人生会更轻松，更坚定，更灿烂。历史上的许多伟人无不得益于对"舍得"二字的把握和体悟。李白舍弃了富贵，却留住了"轻舟已过万重山"的自由；东晋的陶渊明，毅然放弃了当时世人竞相追逐的功名利禄，回到了山间，过上了"晨起理荒秽，戴月荷锄归"的隐士生活，才获得了那种"采菊东篱下，悠然见南山"的悠闲。

一只老虎在山里奔跑的时候，一不小心踩上了猎人设放的捕兽夹。它的一只前爪被夹住了，疼得嗷嗷直叫。突然，它好像听到了什么声音，仔细一听，原来是猎人们拿着刀叉和弓箭走过来了。万般无奈之下，老虎奋力折断了前爪，跑掉了。

等到回到了自己的洞中，老虎非常难过，它想："可惜呀！我的那只前爪，指甲是那样的锋利，皮毛是那么的漂亮，现在我成了一只瘸老虎了。"但是，不久它又想："虽然我失去了前爪，但我得到了自由，如此选择和放弃不是最好的结果吗？要不然等猎人到了，我就会被抓住，性命不保，就成了他们的下酒菜了。"想到这里，它不由得又为自己保住性命高兴起来。

老虎虽然舍弃了前爪，它却获得了生命的自由。而现实中的我们往往舍不下这，舍不下那，弄得自己疲惫不堪。因为放不下到手的职务、待遇，有些人整天东奔西跑，荒废了正当的工作；因为放不下钱财，有人费尽心思，结果作茧自缚；因为放不下对权力的占有欲，有些人热衷于溜须拍马、行贿受贿，不惜丢掉人格的尊严……

在工作和生活中，许多人总是抱怨工作的苦累、职位的低微，感慨上天的不公和命运的捉弄。在日复一日的哀叹和抱怨中，逐步丧失了斗志，迷失了方向。究其原因，无非是他们的心灵负荷太重，背负的"包袱"太沉，这个装满了功名利禄的大"包袱"压得他们喘不过气来，于是就有太多的苦，太多的累，太多的忧烦。

大科学家居里夫人的会客厅里，只有一张简单的餐桌和两把样式陈旧的椅子，她从不顾及太多的繁文缛节和无所谓的应酬。她说："我在生活中永远追求安静的工作和简单的家庭生活。"放下了心灵的"包袱"，平淡而朴素的生活和探索真理的快乐，使她远离了世事的侵扰和盛名的牵累，专注于科学研究，最终获得了巨大的成就。

在人生之路上，要轻松、快乐地行走，充分把有限的时间、精力、才智，运用到一种舒适、有意义的生活方式里。只带最需要的起航，你才能毫无拘束，过自由的生活，拥有纯粹的愉悦，实现自我的价值。

学会选择和放弃，掌握人生的主动，人生就是选择和放弃的过程。选择成就一番事业，必然要放弃安逸的享受；选择清淡的生活，必然要放弃名利的诱惑。学会选择和放弃，可以在有限的生命中，抓住自己最需要的，舍弃不必要的负担。明智地选择与放弃，才能轻松愉悦地前进。

有一个人外出办事，跋山涉水，好不辛苦。有一次，他经过险峻的悬崖，一不小心，竟然掉到深谷里。眼看生命危在旦夕，这个人双手在空中攀抓，刚好抓住崖壁上枯树的老枝，总算保住了生命，但是人却悬荡在半空中，上下不得。正在进退维谷，不知如何是好的时候，忽然看到慈悲的佛陀站立在悬崖上，他如同见到救星一般，立刻请求佛陀说："佛陀，求您发发慈悲，救救我吧！"

佛陀慈祥地说："我救你可以，但是你要听我的话，我才有办法救你上来。"那个人忙说："佛陀，到了这种地步，我怎么敢不听您的话呢？随便您说什么，我全都听您的。"这时佛陀说："好吧！既然这样，请你把攀住树枝的手放下！"那人一听，心想，把手一放，势必掉到万丈深渊，跌得粉身碎骨，哪里还能保得住性命？因此更加抓紧树枝不放，佛陀看到他执迷不悟，只好离他而去。

人在一生中这个"我"是最难舍掉的，这是一个人追求快乐人生的最大障碍，谁要是敢舍，就像这个人松开抓住树枝的手，舍掉自我，那么他就真的能大得。这就是大舍才能大得，敢死才敢活，敢大死才敢大活的道理。因为在你"松手"舍弃自我的一瞬间，在你做到了一般人都不敢大舍的举动之后，你就会悟到生命的本质，悟到幻相与真相，从而获得心灵大自由、精神大解放、生活大情趣。

　　尽管生活中有许多不幸，但也有许多乐事。我们为何不忘掉那些令人烦恼的事，生活得轻松简单一些，去寻找和发现一些让人高兴的事呢？

　　其实，好多的时候，人心就像是一个"包袱"，不装东西时叫心灵，装一点时叫心眼，再多一点时叫心计，装得满满时叫心机。若是"包袱"装得太满，人心就难得平静，小如斤斤计较、钩心斗角，大到兵戎相见……

　　我们心灵的包袱那么多，主要是我们的欲望太多。卸下你沉重的欲望包袱，用崭新的眼光来重新审视你自己，让自己的灵魂挣脱无止境的需求，你便能拥有自由和快乐。

　　生活中，我们追求必需的物质财富无可厚非，但是我们绝不能太贪婪，你越贪婪，心灵包袱越重。要知道生活中还有太多更重要的东西，不要只顾背着"包袱"赶路，而忘却了观看身边美妙的风景。

　　松开你的手，放下心灵的"包袱"，梳理一下自己的心情，摒弃争名夺利之欲，常怀知足常乐之心，相信你的生活一定会变得轻松、快乐。

只有舍去，才能得到

有舍才有得，不舍反而失去更多，果断舍弃，你会得到不一样的收获。

　　好多人抱怨自己的不幸，其实，有时候并非自己的运气不好。因为自己不懂得舍弃，把自己的时间和精力浪费在无谓的事上，最终成为一个只会怨天怨地的庸人。

有 3 个青年人打赌，讨论谁最聪明，他们分别是美国人、法国人和犹太人。3 人争执不下，于是他们想出了个实验的办法。

一天，他们来到一座监狱门前，请求监狱长让他们在这里度过一年的时光作为生活体验。监狱长答应了他们，允许他们在一年中每人提一个要求。

一年很快就过去了。

第一个冲出来的是性急的美国人。只见他嘴巴和鼻孔里都塞满了雪茄，一边跑，一边大声地嚷嚷："给我火，给我火！"原来他爱抽雪茄，进来时要了 3 箱雪茄，但却忘了跟监狱长要火了。

接着，那个法国人也出来了。但不是他一个人，他左手抱着一个小孩，右手牵着位美女，美女挺着大肚子。原来那个法国人非常浪漫，进去时要了一个美女为伴。

最后出来的是那位犹太人。他快步来到监狱长的面前，紧紧地握住监狱长的手，挺了挺胸膛说："太感谢您了！一年来，我学到了更多的、更新的经商理念。为了表示感谢，我送您一辆汽车！"原来，犹太人进去时提出要一部能够和外界沟通的电话。一年来，他时刻与外界保持联系，生意不但没有停顿，反而增长了两倍。

一年了，美国人还是改不了他爱抽烟的毛病；法国人自然在哪里都会浪漫地生活，好像永远不会考虑养家糊口之类严肃的问题。在他们看来好像满足了自己的嗜好就算成功了，其实他们失去了宝贵的时间，失去了发展的机会。他们的人生无疑是一种悲哀。只有那位犹太人不仅得到了物质和精神的享受，而且自己也得到了提升。因为他不放过一切经商机会，最终迈向了人生的成功大道。

有舍有得，只有舍去，才能得到。一个人的人生追求如果仅仅停留在嗜欲的满足上，他最终会两手空空。

嗜欲不过是人们贪婪自私的体现，如果你把宝贵的生命消耗在这上面，你必定产生无尽的苦恼。两千多年前的老子清醒地认识到人类贪欲自私的弱点，告诫世人千万要注意，不要因争名逐利而丧身，要克制自己的欲望，"见素抱朴，少私寡欲"，顺应自然，知足知止。物极必反，过分的爱惜会导致极大的耗费，过多的敛取必定导致重大的损失，盛极而衰是已被历史证明了的。

因此，在名与利、得与失上，要时刻保持清醒的头脑和明智的选择，没必要患得患失，只有这样，才可以"知足不辱，知止不殆"，你的生命、荣誉、利益才可以长久。

舍得舍得，有舍才有得，把生活看淡，心平气和。就像徐志摩的一首诗里的一句话："得之，我幸；不得，我命。"如此而已。

威尔·罗吉士是非常著名的幽默大师，他整天都是快乐的——即使在他失去什么东西的时候。这一方面得益于他乐观豁达的性格，更重要的是他懂得如何用一颗平常心去看待得与失。

1898 年冬天，威尔·罗吉士继承了一个牧场。

有一天，他养的一头牛为了偷吃玉米而冲破附近一户农家的篱笆，最后被农夫杀死。依当地牧场的共同约定，农夫应该通知罗吉士并说明原因，但是农夫没有这样做。

罗吉士知道这件事后非常生气，就带着佣人一起去找农夫理论。

此时，正值寒流而至，他们走到一半，人与马车全都挂满了冰霜，两人也几乎要冻僵了。

好不容易抵达木屋，农夫却不在家，农夫的妻子热情地邀请他们进屋等待。罗吉士进屋取暖时，看见妇人十分消瘦憔悴，而且桌椅后还躲着 5 个瘦得像猴子一样的孩子。

不久，农夫回来了，妻子告诉他："他们可是顶着狂风严寒而来的。"

罗吉士本想开口与农夫理论，忽然又打住了，他只是伸出了手。

农夫完全不知道罗吉士的来意，便开心地与他握手、拥抱，并邀请他们共进晚餐。

农夫满脸歉意地说："不好意思，委屈你们吃些豆子，原本有牛肉可以吃的，但是忽然刮起了风，还没准备好。"

孩子们听见有牛肉可吃，高兴得眼睛都发亮了。

吃饭时，佣人一直等着罗吉士开口谈正事，以便处理杀牛的事。但是，罗吉士看起来似乎忘记了，只见他与这家人开心地有说有笑。

饭后，天气仍然相当差，农夫一定要两个人住下，等第二天再回去，于是罗吉士与佣人在那里过了一晚。

第二天早上，他们吃了一顿丰富的早餐后就告辞回去了。

在寒流中走了这么一趟，罗吉士对此行的目的却闭口不提。在回家的路上，佣人忍不住问他："我以为你准备去为那头牛讨个公道呢！"

罗吉士微笑着说："是啊，我本来是抱着这个念头的，但是，后来我又盘算了一下，决定不再追究了。你知道吗？我并没有白白失去一头牛啊！因为我得到了一点儿人情味。毕竟，牛在任何时候都可以获得，然而人情味，却并不是很容易得到。"

罗吉士虽然失去了一头牛，却换得农夫一家人的笑容和幸福，这段经历更让他懂得生命中哪些才是无价的。

你是不是也和罗吉士一样呢？可能常常遇到丢"牛"的情况，每到这个时候，我们不妨也学一学罗吉士，以一颗平常心看待自己失去的东西，因为在我们失去什么的时候，也许我们在其他方面已经得到了更加宝贵的东西。

世界上不是缺少美，而是缺少发现美的眼睛。我们生活在同一个世界中，但我们却拥有不同的世界观，对这个世界也有着不同的认识，不同的理解和看法。每个人都有一双眼睛，用以分辨事物，这是自然的造化。每个人还有一双眼睛，它不是长在脸上，而是长在心中，这就是心智的眼睛。这双眼睛比另一双更重要，它告诉我们的是如何看待人生的得与失。

"祸事"是上帝掉下来的礼物

生活中，多一份平淡与淡泊，自己就多一份快乐和幸福。

"塞翁失马"的故事虽然简单，却反映了一个深刻的哲理，至今仍然为人津津乐道。这个故事给我们的启示并不是人生本无常、祸福全由天，而是从中我们要学会转换思维。思考一下：假如你是塞翁，你会怎么做？

如果断了一条腿，你就该感谢上帝没有折断你两条腿；如果断了两条腿，你就该感谢上帝没有扭断你的脖子；如果断了脖子，那也就没有什么好担忧的了。

从前一个国王，特别喜爱打猎。有一次在追捕猎物时，不幸弄断了一节食指。国王剧痛之余，立刻召来智慧大臣，征询他们对意外断指的看法。智慧大臣仍轻松自在地对国王说，这是一件好事，并请国王往积极方面想。

国王闻言大怒，以为智慧大臣在幸灾乐祸，即命侍卫将他关进监狱。

待断指伤口愈合之后，国王又兴冲冲地忙着四处打猎，不料却被丛林中的野人埋伏活捉。

依照野人的惯例，必须将活捉的这队人马的首领献祭给他们的神。祭奠仪式刚刚开始，巫师发现国王断了一截食指，而按他们部族的律例，献祭不完整的祭品给天神，是会受天谴的。野人连忙将国王解下祭坛，驱逐其离开，另外抓了一位大臣献祭。

国王狼狈地回到朝中，庆幸大难不死。忽而想起智慧大臣曾说，断指是一件好事，便立刻将他从牢中释放，并当面向他道歉。

智慧大臣还是保持他的积极态度，笑着原谅国王，并说这一切都是好事。

国王不服气地质问："说我断指是好事，如今我能接受；但若说因我误会你，而将你关在牢中受苦，难道这也是好事？"

智慧大臣微笑着回答："臣在牢中，当然是好事，陛下不妨想想，如果臣不在牢中，那么，今天陪陛下打猎的大臣会是谁呢？"

在遭受损失和困难时，我们总是急于判断一件事到底是好还是坏。于是我们迫不及待地想采取措施，试图挽救局面。然而，在紧张、焦虑的情况下解决问题，结果往往不尽如人意。

生活中，我们总是会拥有很多东西，但同时也会失去一些东西。这是很正常的事情。一个人不可能只拥有而不失去，也不可能只失去而不拥有，那不是真正的生活，也没有了生活的意义。有时失去意味着另一种获得，失去让我们发现还有其他美好的事物依然存在，也因此，这样的获得和存在会更让人珍惜。

假如我们失去了太阳的照耀，还有星星和月亮与我们相伴；如果我们失去了金钱的享受，还有亲情和友情的温暖。我们没有办法去掌控生活中发生的一切，但是我们有能力决定自己的想法、判断，有能力去改变自己的心态。

波伊提乌是公元 6 世纪古罗马最重要的哲学家之一，他的著作无论是在当时还是现在，对人们的思想都有着重大影响，也是西方哲学的奠基石。不过，波伊提乌并不是轻而易举就取得了这样的成绩，他的名著《哲学的慰藉》中就向大家展示了一段他"因祸得福"的经历。

波伊提乌曾是一位杰出的政治家、演说家，住在东哥特王朝和罗马皇帝忒奥地利克的宫殿里。在当时，他享有很高的声誉和社会地位，与另一位名人沃伦·贝蒂相比，波伊提乌是有过之而无不及。此外，他的家庭生活也很美满，儿子同样是个才华横溢的人。波伊提乌的生活看上去非常完美，因此大家都很羡慕他。越来越多的人开始嫉妒波伊提乌，并在国王面前诽谤他。有的人甚至暗示国王说波伊提乌是叛变分子。最后，国王听信了大家的谗言，并把莫须有的叛国罪安到波伊提乌身上。一夜之间，他就由哲学家沦为了阶下囚。最开始，波伊提乌不停地呐喊，仿佛要让全世界的人知道自己遭受到的不公正待遇，希望得到平反。然而这有什么用呢？国王能听得进去吗？那些诬告他的人可能幡然醒悟吗？平时的朋友……哦，别忘了，这是叛国罪，如果有谁要帮助波伊提乌，那么结局会和他一样。

波伊提乌不得不告别往日奢华的生活，住进了阴暗的牢房。渐渐地，他明白了一个道理：呐喊是没有用的！不过我还能思考。于是，他开始整理自己的思绪，寻找解决人类问题的根源。通过努力，波伊提乌发现了著名的"命运转盘"。在"命运转盘"中，只有"轴心"是亘古不变的。这个"轴心"是指最基本的、不会随着命运变化而改变的真理，也被称作自然法则。波伊提乌还提出，只要人掌握了这些真理以及主导这些真理的智慧，那么当你身处逆境时，就不会轻易向命运妥协，而是保持积极清醒的头脑和积极向上的生活态度，寻找人生最宝贵的东西。其实，当人感到痛苦时，并不是他的处境有多么糟糕，而是他看待问题的态度很消极，所以他不能平心静气地应对这些挫折。

"命运转盘"给波伊提乌带来了无上的荣誉。伟大诗人但丁在《神曲》和《地狱》中都曾描写道：任何力量都不能阻止命运转盘旋转，它主宰着整个民族的兴盛和衰亡……

我们可以想象一下，假如没有牢狱之灾，波伊提乌会取得如此辉煌的成就吗？牢狱这场"祸"恰恰就是诞生其哲学思想的"福"。

"祸"事并不是绝对的，在一定条件下可以向"好"事转化。如果它不幸成了祸，那么只是你一厢情愿的想法促成了灾祸的发生。当我们面对挫折的时候，一定要先当塞翁，保持良好的心态，然后再学波伊提乌，思考"转祸为福"的方法，若能做到这样，那么还有什么事情值得你苦恼呢？

对待生活中的拥有与失去我们要保持一份坦然的心境，凡事看得淡泊一点儿，会让自己的生活轻松愉快，如果太贪心，总想得到很多又无法面对失去，那会让你疲惫不堪并逐渐失去人生的乐趣。好好珍惜自己拥有的，正确面对已经失去的，你的人生将会充满欢乐与幸福。

不要吝啬，敢舍方能敢得

舍得是一种人生哲学。舍是一种本领、一种态度、一种境界。

真正有智慧的人就能够"舍"，有"舍"就能更好地"得"；而有时不能"舍"就会"失"，即使得到过，也是得不偿失。生活中，一些人因舍不得花钱看病，总是去一些不正规的小诊所，花点儿小钱，随便吃一点药，体格好的侥幸没事，而有些就延误了病情。

舍得，为的就是"得"。劳动，需要舍得力气；学习，需要舍得时间；做生意，需要舍得投资。

战国时期，燕国国君燕昭王一心想招揽人才，但很多人认为燕昭王仅仅是叶公好龙，不是真的求贤若渴。于是，燕昭王始终寻觅不到治国安邦的英才，整天闷闷不乐。

后来有个智者郭隗给燕昭王讲述了一个故事，大意是：有一国君愿意出千两黄金去购买千里马，然而时间过去了3年，始终没有买到。又过去了3个月，好不容易发现了一匹千里马，当国君派手下带着大量黄金去购买的时候，马已经死了。可被派出去买马的人却用500两黄金买来一匹死了的千里马。国君生气地说："我要的是活马，你怎么花这么多钱弄一匹死马来呢？"

国君的手下说："你舍得花500两黄金买死马，更何况活马呢？这一举动必然会引来天下人为我们提供活马。"果然，没过几天，就有人送来了3匹千里马。

郭隗又说："你要招揽人才，首先要从招纳我郭隗开始，像我郭隗这种才疏学浅的人都能被国君采用，那些比我本事更强的人必然会闻风千里迢迢赶来。"

燕昭王采纳了郭隗的建议，拜郭隗为师，为他建造了宫殿，后来没多久就引发了"士争凑燕"的局面。投奔而来的有魏国的军事家乐毅，有齐国的阴阳家邹衍，还有赵国的游说家剧辛等等。落后的燕国一下子便人才济济了。从此以后，一个内乱外祸、满目疮痍的弱国逐渐成为一个富裕兴旺的强国。接着，燕昭王又兴兵报仇，将齐国打得只剩下两个小城。

燕昭王舍得花钱才招来如此多的贤才。适当的"舍"是必需的，但舍与得并不是完全独立的。舍弃并不意味放弃，而在于将来更高层次的获得。正确的舍弃有助于我们更好的获得，不仅是为了自身"得"，也是为了大家"得"。一味地盲目追求"得"，到头来只会得不偿失。把握好"舍"与"得"，是一种心境，更是一种智慧。

舍和得，就如因和果，是相关又互动的。舍得，舍得，有舍有得，敢舍敢得，不舍不得，小舍小得，大舍大得，以舍为得。佛教让人"舍得"，就是要让能"舍得"的人修成正果，进入极乐世界。佛说，舍得就是要"舍迷入悟、舍小获大、舍妄归真、舍虚由实"。如果你能把自己心中的偏执、挂碍、烦恼、悲伤和迷妄都舍去，你就能得到轻松和快乐，你自然就会达到一个新的境界。世间万物，凡有所舍，就有所得。生活在这个世界上的我们暂且不谈佛教的高深道理，"舍得"又何尝不是人生的真谛呢？

有位居士向禅师诉苦："我的妻子非常吝啬，不但对慈善事业毫不关心，甚至连亲戚朋友遇到困难也不肯接济。请禅师去我家开导开导她。"禅师就跟随这位居士来到他家中。果然，居士的妻子十分小气，仅仅给禅师倒了一杯白开水，连一点茶叶也舍不得放。禅师并不计较，但是，不知为什么，他用两个拳头夹着杯子喝水。居士的妻子扑哧一声笑了。禅师问她笑什么，她说："师父，你的手是不是有毛病？怎么总是攥着拳头？"禅师问："攥着拳头不好吗？我若是天天这样呢？""那就是有毛病了，天长日久，就成了畸形。""哦。"禅师像是悄然大悟，伸开手，却又总是跷着5根指头，干什么也不肯合拢。居士的妻子又被他的滑稽模样逗乐了，笑着说："师父，你的手总是这样，还是畸形啊！"禅师点点头，认真地说："总是攥着拳头或总是摊开巴掌，都是畸形。这就如同我们的钱财，若是只知死死攥在手里，总也不肯松开，天长日久，人的思想就成了畸形；若是大撒手，只知花用，不知储蓄，也是畸形。钱，是流通的，只有流转起来，才能实现它的价值。"

居士妻子的脸红了。因为她明白了，禅师所做的一切，都是变相在说服她不要吝啬。但她总觉得受了挫折，想给禅师出个难题，给自己找回面子。这时，她养的一只小猴子跑了进来。她灵机一动，将小猴子抱起来，对禅师说："大师，你看这小猴子多可爱呀，跟我们人类的模样差不多。"禅师开玩笑说："它比人多了一身毛，若肯能舍弃，就可以做人了。"居士的妻子说："您法力无边，请想方设法把它变成人吧。"居士一边训斥妻子荒唐，一边向禅师道歉。谁知，禅师认认真真地说："好吧，我可以试试看。不过，能不能变成人，主要看它自己。"禅师伸手拔了一根猴毛。小猴子痛得吱吱乱叫，从女主人怀里挣脱出来，逃之夭夭，不见踪影。禅师长长叹了一口气，摇着头说："唉，它一毛不拔，怎么能做人呢？舍得舍得，有舍才有得；丝毫不舍，如何能得？"

居士的妻子羞红了脸，再也无话可说了。

一个不懂得舍得、吝啬无比的人，久而久之人格就变得畸形了，就像故事中禅师攥紧的拳头一样。

一个人懂得"舍"，并不意味着什么都舍弃。世间有许多东西是不能舍弃的，比如爱情、亲情、友情，比如诚信、公德、仁义。舍不得，偏要舍得，必然为人所不齿。

事情的结果往往是这样：舍得，可使人得到许多回报；相反，舍不得，可能使人遗憾终生。

舍得舍得，先舍后得，"舍"在前，"得"在后，也就是说，"舍"与"得"虽是反义，却是一物的两面。舍得是对等的，你先"舍"，然后才能"得"。这就是"舍得"的真意，能"舍"方能"得"。当然，这种"得"更多的是指精神的丰润、境界的升华。舍得之间暗藏玄妙，意境很深，只能靠自个去琢磨，去感悟。

现实生活中，面对物质世界的诱惑，你不要奢望得到并紧紧抓住一切不放，舍得意味着自己的富有。不是一个人有很多他才算富有，而是他给予人很多才算富有。舍得本身就是一种快乐。舍了自己的钱财帮助别人，最终也会得到别人的帮助。舍得体现了一个人的气度和胸怀，敢于舍得，人生才会更潇洒自如。

吃亏绝不亏，吃亏也是福

一个人如果总想占便宜，最终吃亏的是自己；一个敢于吃亏的人，才能得到人生的幸福。

清代扬州画家郑板桥曾经留下两句四字名言，一句是"难得糊涂"；另一句是"吃亏是福"。对于修身养性，后一句更值得人们去推敲。细细想来，实际上，又有几个人肯吃亏，又有几个人真的认为"吃亏是福"呢？因为人们都以为吃亏就"亏"了，其实，吃亏绝不亏。

传说，古时候有个小伙子叫李三，因赌博成性而倾家荡产，最后流落街头，成了乞丐。一次，他已两天没吃一口东西了，再不吃东西就得饿死。他想出个招，即使被打死，也要做个饱死鬼。

李三来到一家饭馆，对掌柜说："给我来个'亏'，我好长时间没吃'亏'啦！"老板愣住了，"什么是'亏'，这个'亏'怎么做？"

"你们这么大个饭馆，连个'亏'都不会做，太没水平啦。我告诉你们，把面和好，擀成饼，把肉馅放在饼上，卷起来放到笼屉上蒸，一袋烟的工夫就好。"

"客官，那你慢慢喝茶，一会儿，'亏'就好了。"老板赔着笑脸说。

一会儿，"亏"出屉了。李三三下五除二，将几笼屉的"亏"一扫而光。然后趁老板不注意，就溜之大吉了。老板发现后，着急地说，那人吃了我的"亏"还没给钱呢？众人知道原因后，开玩笑地对老板说："人家吃了'亏'，为什么还要给你钱？这是你亏欠人家的，吃你是应该的，还管人家要什么钱？"

据说这就是"吃亏"的来源，从此后，吃亏就成了一句口头禅流传下来。我们姑且不论吃亏的来源是否准确，就"吃亏"一词，从这个故事，我们已经有了深刻的体会，吃了"亏"的人却得到了满足，奉献"亏"的老板却沮丧至极，吃了大亏。从这个意义讲，古人在创造"吃亏"的同时，就告诫人们吃亏是福。

现实生活中，要做到吃亏是福谈何容易。因为大多数人都想得到名誉、地位、金钱以及别人的尊重和奉承，似乎唯有此，才是成功的标志，才是人生价值的实现，为此，人们劳心劳力、孜孜不倦地追求一些形而上的虚态，为了一己私利斤斤计较、做人总怕吃亏的事情便屡见不鲜。

然而，一个人如果总想占便宜，最终吃亏的是自己，因为你丢掉了人们对你的尊重和信赖，这个"亏"可大了。最终结果是你什么便宜也赚不到，人格没有了，朋友没有了，幸福更不用说了。

做人要能吃得亏，过于计较，得失心太重，反而会舍本逐末，丢掉应有的幸福。

"吃亏"不光是一种境界，更是一种睿智。

有一个笑话，讲一个落水的吝啬鬼，因为不会游泳，所以拼命挣扎着喊"救命"。岸上的人大声喊："把你的手给我！"吝啬鬼就是不肯；眼看他就要淹死了，岸上的人灵机一动，又喊："给你我的手！"吝啬鬼马上把手伸了出来……很多时候，怕"吃亏"的我们就像这个落水的人，其实完全颠倒了得与失的关系。

吃亏是福，吃小亏占大便宜。但是吃亏也是需要技巧的，会吃亏的人，亏吃在明处，便宜占在暗处，让你被占了便宜还感激不尽，这也是人生的智慧。

一天早晨，父亲做了两碗荷包蛋面条，一碗上边有蛋，一碗上边无蛋。端上桌，父亲问儿子："吃哪一碗？"

"有蛋的那一碗！"儿子指着卧蛋的那碗。"让爸爸吃那碗有蛋的吧。"父亲说，"孔融4岁能让梨，你10岁啦，该让蛋吧？""孔融是孔融，我是我，不让！""真不让？""真不让。"儿子一口就把蛋给咬了一半。"不后悔？""不后悔。"儿子说罢又是一口，把蛋吞了下去。待儿子吃完，父亲开始吃。没想到父亲的碗底藏了两个荷包蛋，儿子傻眼了。

父亲指着碗里的荷包蛋告诫儿子说："记住，想占便宜的人，往往占不到便宜。"

第二天，父亲又做了两碗荷包蛋面条，一碗蛋卧上边，一碗上边无蛋。端上桌，问儿子："吃哪碗？"

"孔融让梨，我让蛋。"儿子狡猾地端起了无蛋的那碗。"不后悔？""不后悔。"儿子说得坚决。可儿子吃到底，也不见一个蛋，倒是父亲的碗里上卧一个，下藏一个，儿子又傻了眼。

父亲指着蛋教训儿子说："记住，想占别人便宜的人，可能要吃亏。"

第三天，父亲又做了两碗荷包蛋面条，还是一碗蛋卧上边，一碗上边无蛋。父亲又问儿子："吃哪碗？"

"孔融让梨，儿子让面。爸爸，您是大人，您先吃。"儿子诚恳地说。

"那就不客气啦。"父亲端过上边卧蛋的那碗，儿子发现自己碗里面也藏着一个荷包蛋。

其实，你越是不肯吃亏，你越是可能吃亏，不但吃亏，而且往往还会多吃亏，吃大亏。唯有不计较吃亏的人，才会真正有福。古人常说："吃一堑长一智。"但对于其中的道理似乎有很多人还没有真正理解，或者只是表面上一知半解，而实际行动起来却大打折扣。

吃亏，固然含有舍弃与牺牲之意，但吃亏更是一种胸怀、一种品质、一种风度。贪心的人，总是费尽心思去算计别人，在其热情、仗义与关切的伪装背后，更多的是肆无忌惮地对别人的进攻与伤害。不怕吃亏的人，才会在一种平和自由的心境中感受到人生的幸福。

世界上没有白占的便宜，总爱占别人便宜的人早晚要付出沉重的代价。有的人见好处就捞，遇便宜就占，即便是蝇头小利，见之亦心跳眼红手痒，志在必得。这种人每占一分便宜，便失一分人格；每捞一分好处，便掉一分尊严。天底下也不会有白吃的亏。从某种意义上说，乐于吃亏是一种境界，是一种自律和大度，是一种人格上的升华。在物质利益上宽宏大量，在人际交往中尊重他人，抬举他人。如此这般，以吃亏为荣为乐，势必赢得人们的尊重和抬举。

从古到今，任何一个有作为的人，都是在不断吃亏中成熟和成长起来的，并从而变得更加豁达和睿智。一旦吃亏便愁眉苦脸、烦躁不安，甚至捶胸顿足、一蹶不振，受伤者只能是他自己。

人生一世，功名利禄，如过眼烟云，斤斤计较，徒然给自己增加痛苦而已。不如看淡得失，看轻名利，享受生活的快乐。真正有智慧的人，不在乎"装傻充愚"的表面性吃亏，而是看重实质性的"福利"。

放弃完美，换个角度看得失

放弃完美是一种睿智，它可以放飞心灵，可以还原本性，使你真实地享受人生。

好多人总是过分要求自己，追求事事完美，结果却失去了本该拥有的，到头来两手空空。

一个女人一辈子没有结婚，因为她在寻找一个完美的男人。当她八十岁的时候，有人问她："你一直都在寻找，从青年到现在，从生活中到工作中，从南到北，你始终在寻找，难道你没能找到一个完美的男人？甚至连一个也没找到？"

那老人变得非常悲伤，她说："不，有一次我碰到了一个完美的男人。"那人问道："那么发生了什么？为什么你们不结婚呢？"她望着远方，神情悲凉地说："唉，那时候我还年轻，他是我见到的最完美的男人。可是，他正在寻找一个完美的女人。不幸的是，我并不是他眼中完美的女人。"其实，寻找完美本身就是一种不完美。完美是相对的，如果你将其绝对化，那么，你将永远也找不到完美。这种状况存在于生活的各个角落。

过分追求完美是贪婪的表现，是烦恼的根源。一个人永无休止地追求完美，最终给他带来的只有失望，甚至绝望。

为了解决自己的工作问题，一位先生走进了一家新开的大公司，这家公司刚开始运作，并且是一家大财团开的公司，可以提供许多职位。

一位工作人员把他领进了屋，对他说："现在，请您到隔壁的房间去，那里有许多门，每一个门上都写着您所需要的工作的资料，供您选择。如果您觉得哪一个职位适合您，您就看一下桌子上的资料。祝您好运！"先生谢过了工作人员，向隔壁的房间走去。

里面的房间里有两个门，第一个门上写着"工人"，另一个门上写着"销售人员"。这人觉得销售人员更有前途，便进了后一个门。

接着，又看见两个门，右侧写的是"销售经理"，左侧写的是"部门副经理"，显然，后一个职位更吸引他，于是他走进了左侧的门。

他打开部门副经理这个门后，本打算在这个房间看一下资料，应当承认，男士对部门副经理这个职位还是比较满意的，因为，以他的学识以及能力，做这个职位都是比较合适的。但是，他没有看那份资料，而是先看了这个房间里的两个门，果然，看见了写着"部门经理"和"人事部经理"这两个门。他没有停在那里，他觉得后面还应该有更好的职位。他进入了"部门经理"那个门。这次，他连迟疑一下都没有。

进了这个门后，他依然没有看桌子上放着的资料，而是直接把眼光放在了门上。门上的职位分别写着"公司总经理"和"公司职员"两个门。这次，他理所当然地选择了"公司总经理"。

等他推开这个门后，他发现，自己已经走在了大街上。等他再想回到原来的门时，门已经关住了。在门上有这样一行小字："公司可以提供很多职位，但不缺少总经理。"

这个故事看上去比较滑稽可笑，现实中存在这种招聘方式的可能性不大。然而，生活中有许多人不懂得选择适合自己的，而是一味地追求完美，却没有意识到，生活中的某些缺陷本身也是一种美。

世界上没有免费的午餐，也没有十全十美的事。任何选择和收获都必然有机会成本和付出。所以，哪怕不是那么完美，我们也总要去做点什么。

生活中我们总是渴望索取，渴望着占有，常常忽略了舍弃，忽略了占有的反面——放弃。懂得了放弃的真意，也就理解了"失之东隅，收之桑榆"的妙谛。懂得了放弃的真意，静观万物，体会与世界一样博大的境界，我们自然会懂得适时地有所放弃，这正是我们获得内心平衡的好方法。

然而，放弃并不是一件容易的事，放弃是需要勇气的。面对诸多不可为之事，勇于放弃，是明智的选择。只有毫不犹豫地放弃，才能重新轻松投入新生活，才会有新的发现和转机。

学会放弃，本身就是一种淘汰、一种选择，淘汰自己的弱项，选择自己的强项。放弃不是不思进取，恰到好处地放弃，正是为了更好地进取。

俄国著名诗人普希金说："一切都是暂时的，一切都会消逝；让失去的变为可爱。"有时，失去不一定是悲伤，反而会成为一种美丽；失去不一定是损失，反倒是一种奉献。只要我们抱着积极乐观的心态，失去也会变得可爱。

然而，我们总是害怕失去，总是不惜一切求取成功。在追逐名利的过程中，失败是不可避免的。如果我们做得优雅，保持平衡，我们就可以得到平安，从经验中成长。就像松开一个握紧的拳头，我们会感到自在而有活力。

迈克大学毕业后进了一家大型企业。他满怀希望，也满怀信心地走上了工作岗位。然而，接下来的一切却让他始料不及：单位的人际关系非常复杂，而他却是那么单纯，甚至有些天真，他说话办事都率性而为，不懂得收敛。渐渐地，他听到了一些议论，说他年轻气盛，做事毛糙等等。从小就养尊处优惯了的迈克觉得非常沮丧。

回到家，他把在单位遇到的种种不愉快说给父亲听。听完后父亲给他讲了一个故事：有个人在一次车祸中不幸失去了双腿，他的朋友和亲戚都来慰问，表示了极大的同情。而他却说道："这事确实很糟糕。但是，我却保存下了性命，并且我可以通过这件事认识到，原来活着是一件多么美好的事情——以前我从未这样清醒地认识过。现在，你们看，我不是一样顺畅地呼吸，一样欣赏天边的云朵和路边的野花吗？我失去的只是双腿，却得到了比以前更加珍贵的生命。"

父亲说："这个遭遇车祸的人是个智者，他知道失去了双腿是一件已经发生的事实，哪怕再痛苦也改变不了。所以，他换了一个角度，同样一件事情，他能够找到积极的那一面。而你……"他的父亲顿了顿，接着说，"和同事之间相处得不愉快，对于一个刚刚走上社会的新人来说这也是正常的。你应该换个角度，把这种不愉快看作是对自己的磨炼，通过这种磨炼使自己尽快成熟起来。从这个角度来看，你现在所面临的境况恰恰是你成长过程中的一笔财富。"

父亲的一番话让迈克豁然开朗。回到单位之后，每当再遇到不顺心的事情，他就想：换个角度，这是一件好事情，它至少说明我有不足甚至不对的地方，我得改正自己。如果确实不是他自己的问题，他也不再像以前那样气恼。同样的一件事情，过去给他带来的是烦恼、苦闷，而现在带给他的则是积极向上的动力。

有时绝望中孕育着希望，失去意味着收获。当你面对生活中的不如意时，不要灰心，不要以为迎接自己的就是失去，要保持一颗平常心，也许换个角度，就跨越了得失的界限。

放弃绝不是毫无主见，随波逐流，更不是知难而退，而是一种寻求主动、积极进取的人生态度。放弃是一种选择，没有明智的放弃就没有辉煌的选择。进退从容，积极乐观，你的未来必然一片光明。

选择是一种智慧，放弃是一种豁达

选择和放弃伴随着每个人的一生，我们要懂得选择，也要懂得放弃。

人生的旅途中总是离不开选择，人生的每一步都是在选择中完成的。一个又一个的选择叠加成了命运，不同的选择导致了不同的命运。错误的选择会让你前功尽弃，正确的选择才会使努力获得回报，因此，我们一定要学会正确选择。

法国哲学家布利丹养了一头小毛驴，他每天都要向附近的农民买一堆草料来喂。

这天，送草的农民出于对哲学家的景仰，额外多送了一堆草料，放在旁边。这下子，毛驴站在两堆干草之间，可是为难坏了。它左看看，右瞅瞅，始终也无法分清究竟选择哪一堆好。于是，这头可怜的毛驴就这样站在原地，犹犹豫豫，来来回回，在无所适从中活活地饿死了。

其实，我们每一个人都和故事中的毛驴一样，时刻需要在两堆草料之间做出选择。毛驴做不出选择而饿死，说明选择并不是一件容易的事情。其根源在于有所得必定有所失。过于追求完美，或者凡事都想万无一失，反而会和预期的结果越来越远。

人的一生经历无数次选择，即无数次机会的把握。可以用一个经济学的词汇来描述：机会成本。正确的选择可以造就生命中灿烂的前程，错误的选择可以毁掉生命中的梦想而使人尝尽遗憾的苦果。因此，选择既是欢愉的过程又是一个痛苦的过程。

一群迁徙的野牛在行进途中，突遭数只凶猛猎豹的袭击。刚才还是悠然自得的牛群顿时像炸了窝的马蜂，惊恐着四处奔逃，躲避着猎豹，逃脱着死亡。一只只野牛在奔逃中被扑倒，没有搏斗，连挣扎也是那样有气无力，只是哀鸣了几声，就成了猎豹的食物。

突然，一只看似弱小的野牛，就在快被猎豹追上的刹那，突然转向，全身奋力后坐，努力将身体的重心后移，奔跑的四蹄成了四条铁杠，直直地斜撑在地上，身体周围腾起一股浓浓的尘土，如同爆响的炸弹掀起的浪。在这生与死的千钧一发之际，这只小小的野牛停住了。

急停下来的小野牛，不但没有被猎豹吓倒，反而是愤怒地沉下头，接着又仰起头顶上那一双尖尖的硬硬的牛角，猛抵向冲过来的猎豹。那只不可一世的猎豹，还没有看清眼前发生的一切，就被小野牛的尖角抵住了身体，扎进了肚子，被高高地捅起，抛向空中。

顿时，情况急转直下，奔逃的野牛们还在拼命地奔逃，而其他猎豹却惊呆了，先是顿立，继而掉头逃走了。

那只小野牛并没有像其他同伴一样奔逃求生，而选择回首痛击，去战胜自己所面临的死亡。但它的行为却给了我们许许多多的启迪和联想。

生活总是充满困难的，人生总是充满磨难的。人不应在困难中倒下，而要努力在困难中挺起。很多时候，我们需要积聚起一种新的力量，重新面对世界。面临危机，你必须作出选择，这如同你不会游泳却被人推到河里一样，除了学会游上岸让自己不至于被淹死外，别无生路。

人生的悲哀，莫过于自己不会选择，或者不去选择。只有依靠自己的选择，才能掌握自己的命运；只有正确的选择，才有成功的人生。

亚当·斯密曾经说过："国王会羡慕在路边晒太阳的农夫，因为农夫有着国王永远不会有的安全感；而要有农夫那样的安全感就不能拥有国王的权势。做人是需要成本的，有好的人生选择，也有坏的人生选择，却没有不要成本的选择。付出的成本太高，就可能影响我们的选择，给我们的人生留下太多的缺憾。相反，如果一开始就能做出正确的选择，就能降低个人选择的成本，创造更多的"利润"（人生价值）。"

人生选择的同时也就意味着放弃，选择繁华就要放弃幽静，选择充实就要放弃悠闲。如果说选择是人生路上的航标，那么放弃就是人生的隧道。选择和放弃就像双胞胎兄弟一样如影随形。

每个人都渴望索取，而忽略了放弃。不懂放弃会让你背负沉重压力，长期被痛苦困扰，还会失去更多更好的机会。选择需要勇气，放弃又何尝不需要胆识和魄力呢？

一天早上，妈妈正在厨房清洗早餐的碗碟。她有一个4岁的小孩子，正自得其乐地在沙发上玩耍。

突然，妈妈听到孩子的哭啼声。究竟发生了什么事呢？妈妈没有来得及将手抹干，就冲到客厅看孩子。

原来，孩子的手插进了放在茶几上的花樽里。花樽是上窄下阔的那种，他的手伸了进去，但抽不出来。母亲用了不同的办法，想把卡着的手拿出来，但都不得要领。

妈妈开始焦急，她稍为用力一点儿，孩子就痛得叫苦连天。在无计可施的情况下，妈妈想了一个下策，就是把花樽打碎。可是她稍有犹豫，因为这个花樽不是普通的花樽，而是一件价值连城的古董。但是，为了儿子的手能够拔出来，这是唯一的办法。结果，她忍痛将花樽打破了。

虽然损失不菲，但儿子平平安安，妈妈也就不太计较了。她叫儿子将手伸给她看看有没有损伤。虽然孩子完全没有任何皮外伤，但他仍是紧握着拳头。是不是抽筋呢？

妈妈再次惊慌失措了。

原来，小孩子的手不是抽筋。他不肯张开拳头，是因为他紧握着一枚硬币。他是为了掏那枚硬币，所以将手卡在花樽的口内。小孩子的手抽不出来，不是因为花樽口太窄，而是因为他不肯松开握紧的拳头。

故事中的孩子因为不舍得放弃那一枚硬币，而导致他的手抽不出来。妈妈懂得舍弃名贵的花樽，孩子才平平安安。

贪婪是大多数人的毛病，有时候死死抓住自己想要的东西不放，只会给自己带来压力、痛苦、焦虑和不安。往往什么都不愿放弃的人，结果却什么也得不到。

放弃，对心境是一种宽松，对心灵是一种滋润，它驱散了乌云，它清扫了心房。有了它，人生才能有爽朗坦然的心境；有了它，生活才会阳光灿烂。

放弃是一种跨越，不吐故无法纳新，该放弃时就放弃，放弃不能承受之重，放弃心灵桎梏，懂得放弃让你避免许多挫折和烦恼，生活更顺利。

我们在人生的每一个十字路口上应该果断选择，抓住生命中最珍贵的东西，舍弃身上的累赘，走好属于自己的路。勇敢放弃，则让我们甩掉那些困扰生活的包袱和诱惑，轻装上阵，阔步前行。当你做到善于选择、懂得放弃，做到简单从容、挥洒自如的时候，你的生命的低谷就已经过去。

把握现在，珍惜当下所拥有的

拥有时不懂得珍惜，非等失去了才觉得珍贵，这是许多人的通病。与其失去了才明白拥有的宝贵，不如从现在开始就好好珍惜自己拥有的。擦亮眼睛，你会发现你已经拥有很多，没有必要整天为那些追求不到的东西而烦躁。珍惜拥有的，不仅因为它容易失去，而且因为它来之不易。珍惜拥有的，一生中会少许多遗憾，多几分坦然。幸福，是为懂得珍惜的人准备的。懂得珍惜，生命将变得温暖、安宁和快乐。

把握现在，别为过去的失败而苦恼

逝去的时光永不再来，明天还没有到来，我们能够把握的只有现在。

现实生活中，我们都喜欢回想过去和憧憬未来。回忆过去充满鲜花和掌声的日子，惋惜过去那惨痛的失败；或者沉湎于对美好未来的幻想之中，有时又对今后未知的生活产生无端忧虑。

然而，昨天已成为过去，明天还没有到来，在自己手中牢牢掌握的只有现在。把握现在，就不要痴想未来，老想着明天的种种，现在的时光就会白白流逝；把握现在，就不要回想过去，总怀念过去的一切，有限的精力就会被无端浪费。

不要总是为过去的失误而痛悔，也不要沉浸在对明天的幻想里，最重要的是要把握现在，让每一天都过得充实。

艾森豪威尔年轻的时候，一次晚饭后跟家人一起玩儿纸牌游戏，连续几次都抓了很坏的牌，他开始不高兴地抱怨。妈妈停了下来，正色对他说道："如果你要玩儿，就必须用你手中的牌玩儿下去，不管那些牌怎么样！"

他一愣，听见母亲又说："人生也是如此，发'牌'的是上帝，不管怎样的牌你都必须拿着。你能做的就是尽你全力，求得最好的效果。"

很多年过去了，艾森豪威尔一直牢记着母亲的这句话，从未再对生活存在任何抱怨。相反，他总是以积极乐观的态度去迎接命运的每一次挑战，尽己所能地做好每一件事，从一个默默无闻的平民家庭走出，一步一步地成为中校、盟军统帅，最终成为美国历史上第34任总统。

艾森豪威尔逝世后，约翰逊在给他的悼词中称赞他"勇敢和正直"。他的这种勇敢和无所畏惧的性情正是承袭了母亲当年的教诲：人生如打牌，既然发牌权不在你手里，那么，你能做的只有用你手里的牌打下去，并努力打好，除此以外，你没有任何选择！

既然"牌"是上帝给的，我们应该坦然地面对一切，努力把握好手中现有的"牌"，并且把它打好就可以了。我们不必为失去的机遇而扼腕长叹，也不必为不公平的现象而患得患失。谁都想充分证实自己，实现与理想毫不相悖的人生价值。可是，期望与现实往往发生冲突，我们所获得的未必是所期望的，与其一厢情愿地久久眺望远方的海市蜃楼，不如现在踏踏实实地收获一份平淡的真实。

我们也不必一味地苛求生活。一份称心的工作，一个知心的爱人，一个健康的身体，一个幸福的家庭……都足以成为我们幸福和快乐的理由。与之相反的，事业的失败，情感的破裂，病魔的光临，亲情的疏离……有时也让我们无法逃避。但换一种思维，我们或许会在痛苦的体验中，领悟到对幸福和快乐的加倍感激，从而懂得把握现在和加倍珍惜今天的拥有。

我们不必为无可挽回的过去而懊丧，也不必为了遥不可及的未来而想入非非。要实现梦想，获得成功就要把握现在。我们每个人都有自己的梦想，可是有多少变成了现实？又有多少我们真正动手去做了？

其实梦想是从把握现在开始逐渐实现的。有了目标就要着手行动，不要面对多姿多彩的想法而陶醉不已，不去努力为之奋斗它永远只是一个漂亮的肥皂泡，最终是会破碎的；也不要面对成功路上的荆棘险阻而迟疑犹豫，千万别因为等待"最佳时机"而让沸腾的思想冷却下来，那样只能让我们失去一个精彩的今天。

一位哲学家途经荒漠，看到一座很久以前的城池的废墟里，有一座"双面神"石雕。

他没有见过"双面神"，所以就奇怪地问："你为什么会有两副面孔呢？"

双面神回答说："有了两副面孔，我才能一面察看过去，牢牢地记取曾经的教训；另一面又可以瞻望未来，去憧憬无限美好的蓝图啊。"

哲学家说："过去的只能是现在的逝去，再也无法留住，而未来又是现在的延续，是你现在无法得到的。你却不把现在放在眼里，即使你能对过去了如指掌，对未来洞察先知，又有什么具体的实在的意义呢？"

双面神听了哲学家的话，不由得痛哭起来，他说："先生啊，听了你的话，我至今才明白，我今天落得如此下场的根源。"

哲学家问："为什么？"

双面神说："很久以前，我驻守这座城时，自诩能够一面察看过去，一面又能瞻望未来，却唯独没有好好地把握住现在，结果，这座城池被敌人攻陷了，美丽的辉煌却都成为了过眼云烟，我也被人们唾弃而弃于废墟中了。"

把握现在，就是把握未来。人生不外是一连串"现在"的累积，既是如此，何不好好把握有生之年的每一秒，每一分，每一刻，充分学习、领悟、欣赏和感动。

古诗里说："百川东到海，何时复西归。"任何人都不能留住时间的脚步，我们既回不到过去，也决定不了未来，那么就让我们用如花的心情来珍惜灿烂的每一天。

把握现在，过好每一天，我们的人生就会相当美满；过好每一分每一秒，让努力的气息填充其间，让憧憬中的未来不再遥远。把握现在，就要立刻行动起来，生活不是守株待兔的遐想，也不是亡羊补牢的缅怀，只有行动才会让我们的明天更加精彩。

幸福不在明天，也不在昨天

世间最珍贵的不是"得不到"和"已失去"，而是现在能把握的幸福。

人生在世，许多人在得不到的时候，总是垂涎三尺，费尽心机地去追求；有的人却在拥有的时候，不懂得珍惜，当一切都成为过眼云烟的时候，又开始后悔。世间最珍贵的不是"得不到"和"已失去"，而是现在能把握的幸福。

每个人都希望自己幸福，大多时候人们总以为幸福在别处。这是追求幸福的一大误区。穷人有穷人的梦想，富翁有富翁的苦恼。没钱的时候，向往富裕的生活；有钱的时候，怀念贫穷的日子。单身的时候，向往爱情的浪漫；结了婚以后，向往一个人的自由。忙碌的时候，向往闲暇时的轻松；闲暇的时候，向往忙碌的充实。

屠格涅夫说："幸福不在明天，也不在昨天，它不怀念过去，也不向往未来；它只在现在。"把握当下的幸福，才是真实的幸福，无限地憧憬明天，幸福永远也靠近不了我们。在我们一门心思准备迎接将来某一天到来的时候，往往会忘记、忽视眼前的一切。逻辑学告诉我们，未来永远不会到来；我们也够不到未来，无法将它拉到面前。对未来的担忧只是我们的想象，谁也不知道未来真正会发生什么。

从前，有一座圆音寺，庙前的横梁上有只蜘蛛。忽然有一天，佛祖光临了圆音寺，看见了横梁上的蜘蛛。佛祖停下来，问这只蜘蛛："你我相见总算是有缘，我来问你个问题，世间什么才是最珍贵的？"蜘蛛想了想，回答道："世间最珍贵的是'得不到'和'已失去'。"佛祖点了点头，离开了。

就这样又过了一千年的光景，有一天，刮起了大风，风将一滴甘露吹到了蜘蛛网上。蜘蛛望着甘露，见它晶莹透亮，很漂亮，顿生喜爱之意。蜘蛛每天看着甘露很开心，它觉得这是三千年来最开心的几天。突然，大风将甘露吹走了。蜘蛛一下子觉得失去了什么，感到很寂寞和难过。

后来，佛祖让蜘蛛投胎到了一个官宦家庭，成了一个富家小姐，父母为她取了个名字叫蛛儿。一晃，蛛儿到了16岁，已经成了个婀娜多姿的少女，长得十分漂亮，楚楚动人。

这一日，新科状元郎甘鹿中士，皇帝决定在后花园为他举行庆功宴席。来了许多妙龄少女，包括蛛儿，还有皇帝的小公主长风公主。蛛儿知道，这是佛祖赐予她的姻缘。

过了些日子，说来很巧，蛛儿陪同母亲上香拜佛的时候，正好甘鹿也陪同母亲而来。上完香拜过佛，蛛儿和甘鹿便来到走廊上聊天，蛛儿很开心。蛛儿对甘鹿说："你难道不曾记得十六年前，圆音寺的蜘蛛网上的事情了吗？"甘鹿很诧异，说："蛛儿姑娘，你漂亮，但你想象力未免丰富了一点吧。"说罢，和母亲离开了。

蛛儿回到家，心想，佛祖既然安排了这场姻缘，为何不让他记得那件事，甘鹿为何对我没有一点感觉？

几天后，皇帝下诏，命新科状元甘鹿和长风公主完婚；蛛儿和太子芝草完婚。这一消息对蛛儿如同晴空霹雳，她怎么也想不通，佛祖竟然这样对她。几日来，她不吃不喝，穷究急思，灵魂就将出壳，生命危在旦夕。太子芝草知道了，急忙赶来，扑倒在床边，对奄奄一息的蛛儿说道："那日，在后花园众姑娘中，我对你一见钟情，我苦求父皇，他才答应。如果你死了，那么我也就不活了。"说着就拿起了宝剑准备自刎。

就在这时，佛祖来了，他对快要出壳的蛛儿灵魂说："蜘蛛，你可曾想过，甘露（甘鹿）是由谁带到你这里来的呢？是风（长风公主）带来的，最后也是风将它带走的。甘鹿是属于长风公主的，他对你不过是生命中的一段插曲。而太子芝草是当年圆音寺门前的一棵小草，他看了你三千年，爱慕了你三千年，但你却从没有低下头看过它。蜘蛛，我再来问你，世间什么才是最珍贵的？"蜘蛛听了这些真相之后，好像一下子大彻大悟了，她对佛祖说："世间最珍贵的不是'得不到'和'已失去'，而是现在能把握的幸福。"

蛛儿最后留下一句意味深长的话，虽然她已经明白了幸福的真谛，可惜已经晚了。世间最珍贵的不是"得不到"和"已失去"，而是现在能把握的幸福。

有个很有意思的现象，年轻时，我们常习惯说："等到……的时候"，对未来抱着无限的幻想；到了老年，就变成说："过去……的时候"，对过去无限怀念。然而无论是未来将怎么样，或者过去曾经怎么样，结果都是一样——我们因为没有关注当下而错失了最真实的现在。不珍惜当下，只会错失当下，只会把每一个经历着的现在变成留有遗憾的昨天。

　　我们总是在渺茫的期盼中寻找关于未来的幸福，其实，这是错误的见解。试问，谁可以担保，一旦脱离了现有的位置，就可以得到幸福；谁可以担保，今天不笑的人，明天就一定还能笑得出来？人生只有一次，假如幸福呈现在眼前时，我们不去好好面对它，那就将错过它。

　　幸福的味道不是甜蜜，而是平淡；不是浓烈的芬芳，而是淡淡的幽香。这个世界上，每个人都有自己的定位，每个人也都有自己的追求。选择适合自己的生活，便是真正的幸福。

　　17世纪法国思想家巴斯葛在《沉思者》一文中有一段话："我们向来不曾把握现在，不是沉湎于过去，就是殷盼着未来；不是拼命设法抓住已经如风的往事，就是觉得时光的脚步太慢，拼命设法使未来早点到临。我们实在太傻，竟然流连于并不属于我们的时光，而忽视唯一真正属于我们的此刻。"

　　在撒哈拉大沙漠中，有一种土灰色的沙鼠。每当旱季到来之时，这种沙鼠都要囤积大量的草根，以准备度过这个艰难的日子。因此，在整个旱季到来之前，沙鼠都会忙得不可开交，在自家的洞口前进进出出，满嘴都是草根。从早起一直到夜晚，辛苦的程度让人惊叹。

　　而实际情况是，沙鼠根本用不着这样劳累，一只沙鼠在旱季只能吃掉两公斤草根，而它非要运回10公斤才能踏实。大部分草根最后都腐烂了，沙鼠还要将腐烂的草根一一清理出洞。

　　从沙鼠身上似乎能找到我们的影子。在现实生活里，我们常为所谓的"明天""后天"深感不安，为那些还没有到来，或永远也不会到来的事物焦急忙碌。

幸福和快乐只在当下，不要梦想着明年不可期的富贵生活；享受我们今天简单舒适的衣服，不要妄想明年不可期的锦华狐裘。踏踏实实地过好每一刻，比不切实际的计划和妄想更适用于我们的生活。

过去无论多么美好，可是那已经过去了，而未来则根本还未来临。过去与未来并不存在，它们只是"曾经存在"或"可能存在"的状态，唯一存在的是现在。为什么不在现在多把握一些幸福？

在《圣经》中有一个小故事，讲的是以色列民族在出征埃及的最后途中，天上降下大饼，许多人舍不得当日吃尽，藏了一夜，到了第二天，却全部霉坏而不能下口。

幸福就如大饼，应当当日、当时享有，才不会变味。

过去是记忆，未来是想象，真正的、真实的幸福是现在。不必让未来很幸福，让当下很幸福，就足够。"活在当下"是最愉快、最安稳、最科学的一种方法。

其实，你已经很富有

不必因自己的"贫穷"而郁闷，其实你一点也不"穷"，你的无限财富就蕴藏在你的潜能之中。

许多人总是抱怨自己的不幸，感叹自己拥有的太少，总是为自己追求不到的东西而烦恼。其实，你本身已经很富有，人生的"财富"就蕴藏在你的潜能之中。由于外界条件的限制，人们的潜能大都没有开发出来，犹如一座未被开发的金矿。据科学家研究，人的大脑蕴藏着巨大的潜力。一个人大脑中的神经细胞高达 150 亿左右。人每天能记录生活中大约 8600 万条信息。可以容纳相当于 500000000 册书的知识总量。目前，人的一生只用了自身自学能力的百分之一，只利用了自己智力潜力的五分之一到四分之一。

前苏联著名学者与作家叶夫雷夫曾指出：当现代科学使我们对人脑结构和功能有一定了解时，我们立刻为它的潜力之大而震惊万分。在通常的工作生活条件下，人只运用了思维工具的一小部分。如果我们能迫使头脑开足一半马力，我们就会毫不费力地学会 40 种语言，把苏联百科全书从头到尾背下来，完成几十个大学的必修课程。

美国著名的神经语言学家罗宾说："一个人自身的潜能犹如沉寂的火山，一旦被叩醒，便会产生出所向披靡的骇人力量。"

一位已被医生确定为残疾的美国人，名叫梅尔龙，靠轮椅代步已 12 年。他的身体原本很健康，19 岁那年，他赴越南打仗，被流弹打伤了背部的下半截，被送回美国医治，经过治疗，他虽然逐渐康复，却没法行走了。他整天坐轮椅，觉得此生已经完结，有时就借酒消愁。

有一天，他从酒馆出来，照常坐轮椅回家，却碰上 3 个劫匪，动手抢他的钱包。他拼命呐喊拼命抵抗，却触怒了劫匪，他们竟然放火烧他的轮椅。轮椅突然着火，梅尔龙忘记了自己是残疾，他拼命逃走，竟然一口气跑完了一条街。事后，梅尔龙说："如果当时我不逃走，就必然被烧伤，甚至被烧死。我忘了一切，一跃而起，拼命逃跑，及至停下脚步，才发觉自己能够走动。"

著名心理学家詹姆斯说："我们只不过清醒了一半。我们只运用了身体上和精神上的一小部分资源，未开发的地方很多很多，我们有许多能力都被习惯性地糟蹋掉了。"我们每个人身上蕴藏着巨大的潜能，可是，大多数情况下我们不知道如何去开发。有些人一生碌碌无为，自叹命运不济，殊不知他的命运就掌握在自己手中，他之所以一事无成，是因为他的潜能没有得到开发。

人人都希望自己一帆风顺，然而，平静安逸的生活最容易埋没我们的潜能。相反，挫折与危机往往能激发我们的潜能，给我们带来不一样的收获。

一位农夫在谷仓前面注视着一辆轻型卡车快速地开过他的土地。他 14 岁的儿子正开着这辆车，由于年纪还小，他还不够资格考驾驶执照，但是他对汽车很着迷，似乎已经能够操纵一辆车子，因此农夫就准许他在农场里开这客货两用车，但是不准上外面的路。但是突然间，农夫眼看着汽车翻到水沟里去，他大为惊慌，急忙跑到出事地点。他看到沟里有水，而他的儿子被压在车子下面，躺在那里，只有头的一部分露出水面。这位农夫并不很高大，根据报纸上所说，他有 170 厘米高，70 公斤重。但是他毫不犹豫地跳进水沟，把双手伸到车下，把车子抬了起来，足以让另一位跑来援助的工人把那失去知觉的孩子从下面拽出来。当地的医生很快赶来了，给男孩检查一遍，只有一点皮肉伤，需要治疗，其他毫无损伤。

这个时候，农夫却开始觉得奇怪了起来，刚才他去抬车子的时候根本没有停下来想一想自己是不是抬得动，由于好奇，他就再试一次，结果根本就动不了那辆车子。医生说这是奇迹，他解释说身体机能对紧急状况产生反应时，肾上腺就大量分泌出激素，传到整个身体，产生出额外的能量。这就是他可提出来的唯一解释。要分泌出那么多肾上腺激素，首先当然体内得产生那么多腺体。如果自身没有，任何危急都不足以使其分泌出来。

　　这个故事说明一个道理：一个人通常都存有极大的潜在体力，在危急时刻它就可能爆发出来。农夫在危急情况下产生一种超常的力量，并不仅是肉体反应，它还涉及心智的精神的力量。当他看到自己的儿子可能要淹死的时候，他的心智反应是要去救儿子，一心只要把压着儿子的卡车抬起来，而再也没有其他的想法。可以说是精神上的肾上腺引发出潜在的力量。而如果情况需要更大的体力，心智状态，就可以产生出更大的力量即潜能。这是一个关于人类巨大的潜能的真实例子，狗急能够跳墙，人急能够爆发潜能。

　　有位学者这样说："编撰20世纪历史时可以这样写：我们最大的悲剧不是恐怖的地震，不是连年战争，甚至不是原子弹投向日本广岛，而是千千万万的人生活着然后死去，却从未意识到存在于他们身上的巨大潜能。"

　　其实，我们每个人都是天才，我们每个人都很富有，这并非夸大其词。我们每个人身上都蕴藏着无限潜能，但是这些巨大潜能都处于沉睡状态，远远没有得到开发、利用。

　　在生活中，我们经常听到一些人怀疑自己的能力，遇到一点挫折就灰心丧气，就觉得自己不是做这一行的料。其实，不是你不是那一块料，而是你没有挖掘出你身上巨大的潜能。只要努力，你也完全可以取得成功，获得快乐。我们不是不"富有"，而是缺乏一双看到自己"富有"的眼睛。

时间是宝贵的财富，请珍惜眼前的光阴

时间是组成生命的材料。珍惜时间就是珍惜幸福和快乐。

一切节约，归根到底是时间的节约。时间是你可以掌握在手中的宝贵财富。如果你想生活得充实，必须认识到时间的价值。珍惜时间的人，他的生命才会充满阳光。

哲人问："世界上，什么东西是最长而又是最短的；最快的而又是最慢的；最能分割的又是最广大的；最不受重视的又是最受惋惜的；没有它，什么事情都做不成；它使一切渺小的东西归于消灭，使一切伟大的东西生命不绝。"

智者答："世界上最长的东西莫过于时间，因为它永无穷尽；最短的东西也莫过于时间，因为人们所有的计划都来不及完成；在等待着的人看来，时间是最慢的；在作乐的人看来，时间是最快的；时间可以扩展到无穷大，也可以分割到无穷小；当时谁都不重视，过后谁都表示惋惜；没有时间，什么事都做不成；不值得后世纪念的，时间会把它冲走，而凡属伟大的，时间则把它们凝固起来，永垂不朽。"

鲁迅先生曾说："浪费别人的时间等于谋财害命，浪费自己的时间等于慢性自杀。"俗话说："一寸光阴一寸金，寸金难买寸光阴。"时间一去不复返，我们要学会珍惜时间。

许多人把大把的时间浪费在无谓的抱怨上，任凭岁月蹉跎，最终一事无成。只有懂得珍惜时间的人，他的生命才是充实的。

古希腊的苏格拉底说："当许多人在一条路上徘徊不前时，他们不得不让开一条大路，让那珍惜时间的人赶到他们的前面去。"

我国近现代著名的文学家鲁迅先生之所以取得如此辉煌的成就，最关键的原因就是他懂得珍惜时间。鲁迅 12 岁在绍兴城读私塾的时候，父亲患着重病，两个弟弟年纪尚幼，鲁迅不仅经常上当铺、跑药店，还得帮助母亲做家务；为了不影响学业，他必须做好精确的时间安排。

此后，鲁迅几乎每天都在挤时间。他说过："时间，就像海绵里的水，只要你挤，总是有的。"鲁迅读书的兴趣十分广泛，又喜欢写作，他对于民间艺术，特别是传说、绘画，也有深切爱好；正因为他广泛涉猎，多方面学习，所以时间对他来说，实在非常重要。他一生多病，工作条件和生活环境都不好，但他每天都要工作到深夜才肯罢休。

在鲁迅的眼中，时间就如同生命。他把别人喝咖啡、闲谈的时间都用在工作和学习上。鲁迅还以各种形式来鞭策自己珍惜时间，刻苦学习和工作。在北京时，书房墙上还挂着一张鲁迅最崇敬的日本老师藤野先生的照片。鲁迅用照片督促自己抓紧时间。正是因为有了这种惜时如命的精神，鲁迅在他 56 岁的生命旅途中，广泛涉及自然、社会科学的许多领域，一生著译 1000 多万字，留给后人一份宝贵的文化遗产。

时间是生命中的一大资源，善于把握时间者，时间就会为他们留下智慧和力量，帮他们取得成功；而藐视时间作用者，时间会给他们留下空虚与懊悔。所以，人们必须养成珍惜时间的好习惯，不轻易放过一分一秒，这样人生才能画上一个圆满的句号。

时间无限，生命有限。在有限的生命里把时间拉长的人就拥有了更多做事情的本钱。生命是由时间积累起来的，如果你珍惜生命，那么就要去珍惜时间。

浪费时间是生命中最大的错误，也是最具毁灭性的力量。大量的机遇就蕴含在点点滴滴的时间当中。浪费时间往往是绝望的开始，也是幸福生活的扼杀者。珍惜时间往往能促使人们在各个领域取得成功，创造美好、幸福的人生。

伟大发明家爱迪生就是珍惜时间的典范。一天，爱迪生在实验室里工作，他递给助手一个没上灯口的空玻璃灯泡，说："你量量灯泡的容量。"他又低头工作了。过了好半天，他问："容量多少？"他没听见回答，转头看见助手拿着软尺在测量灯泡的周长、斜度，并拿了测得的数字伏在桌上计算。他说："时间，时间，怎么费那么多的时间呢？"爱迪生走过来，拿起那个空灯泡，向里面倒满了水，交给助手，说："里面的水倒在量杯里，马上告诉我它的容量。"助手立刻读出了数字。爱迪生说："这是多么容易的测量方法啊，它又准确，又节省时间，你怎么想不到呢？还去算，那岂不是白白地浪费时间吗？"助手的脸红了。

爱迪生喃喃地说："人生太短暂了，太短暂了，要节省时间，多做事情啊！"

世界上最大的浪费，就是把时间分散到不值得一提的琐事上，要知道人的精力、时间都是有限的，在这方面耗费的精力、时间多，另一方面自然会相应地减少。如果想在某一领域有所成就，就不能眉毛胡子一把抓，想样样都精、门门都通，这是办不到的。

人活着就要把生命中的每一天详细计算，不要像那些不思进取的人一样，把大把的时间浪费在与自身梦想毫不相干的事情上。

东晋大诗人陶渊明作诗说："盛年不重来，一日难再晨，及时当勉励，岁月不待人。"一个真正懂得生活、渴望成功的人不会让时间从身边白白溜走。

康纳勒普说："今天事，今天做。太阳绝不会为你而再开。"生活中许多人有拖延时间的坏习惯，无论做什么事情都今天推明天，明天又把事情推到后天，以此类推，事情不但办不成，反而耽误了自己也妨碍了他人。要有好的明天，请从今天开始，我们要摒除拖延时间的坏习惯，养成今天事今天做的好习惯，以此来丰富人生，创造机遇。只有善待今日的人，才会在"今天"奠定成功的基石，孕育"明天"的希望。

庄子说："人生天地之间，若白驹之过隙，忽然而已。"犹豫是时间的盗贼，节约时间就是延长生命，时间给勤勉的人留下智慧的力量，给懒惰的人留下空虚和悔恨。养成良好的学习生活习惯，要做到今日事今日毕。

"明日复明日！明日何其多！我生待明日，万事成蹉跎。"这是诗人对有拖延时间习惯者的最好忠告。可见古人是多么注重今日的事情今日完成，那些做事喜欢拖拉，遇到一些挫折就闷闷不乐的人注定离幸福和成功很远。只有懂得把握时间，经受住严峻的考验，并且对自己充满信心的人，才能抓住人生的幸福。

善抓机遇，人生才不会留下遗憾

机不可失，时不再来，抓住机遇你的人生从此与众不同。

人生充满机遇，然而机遇对每个人来说都是公平的，只是有些人抓住了，有些人抓不住；有些人发现了，有些人却茫然不知；有些人在不断创造机会，而有些人则在埋怨没有机会。

有人说过：一个人的成功是"七分努力、三分机遇"。更有人说是"七分机遇、三分努力"。无论是那种说法都离不开机遇和努力，缺少一样也不能成功。古人说的谋事在人、成事在天，说的也是这个意思。

人生中，抓住机遇并且成功的人，不算很多，但终生没有遇到机遇的人，又的确很少。现实中，许多继续落魄的人，都会讲到自己当年如何如何地放弃了绝好的机会，要不然的话，自己会怎样怎样。机遇常在，而识别机遇和把握机遇的智慧却不常有。

机遇是成功的试金石，机遇又每时每刻在我们身边，只不过我们没有发现它们罢了。

法国微生物学家巴斯德曾说过："机遇只偏爱那种有准备的头脑。"由此可见，主观努力的重要性。在哲学上，主观努力是内因，机遇是外因，外因只有通过内因才能起作用，能否抓住机遇，利用机遇，最重要的在于人的主观努力。也就是说，我们要在主观上处处留意机遇，时刻准备抓住机遇。

"弱者等待机遇，强者创造机遇"。只有创造机遇，才会收获人生的精彩。

1793 年拿破仑还是一个上尉的时候，被派到土伦打仗，面对土伦人坚固的防线，战士们束手无策。拿破仑经过仔细考察，想出了一个新的作战方案，并把它交给了特派员，特派员十分赞同他的方案，并任命他为上校，负责指挥这场战役。

拿破仑意识到这又是一个良机，便全身心地投入到作战的准备工作中。由于拿破仑的方法得当，土伦很快被攻陷了。拿破仑也赢得了战士们的好评。1794年 9 月，法国救国委员会破格将拿破仑提升为少将旅长。

土伦战役使拿破仑的政治事业蒸蒸日上，也成为他生命中的一个重要转折点。

不要以为机遇会像一个到你家里来的客人，他在你门前敲着门，等待你开门把他迎接进来，恰恰相反，机遇是一件不可捉摸的活宝，无影无形，无声无息，倘若你不用苦干的精神，努力去寻求它，也许永远遇不着它。机遇如偶尔吹过你耳际的风，如偶尔划破天际的流星，是那么的令人捉摸不透，是那么的了无声息，但它又是确确实实地存在。

希腊有一位大学者，名叫苏格拉底。一天，他带领几个弟子来到一块麦地边。那正是麦子成熟的季节，地里满是沉甸甸的麦穗。苏格拉底对弟子们说："你们去麦地里摘一个最大的麦穗，只许进不许退。我在麦地的尽头等你们。"

弟子们听懂了老师的要求后，就陆续走进了麦地。

地里到处都是大麦穗，哪一个才是最大的呢？弟子们埋头向前走。看看这一株，摇了摇头；看看那一株，又摇了摇头。他们总以为最大的麦穗还在前面。虽然弟子们也试着摘了几穗，但并不满意，便随手扔掉了。他们总以为机会还很多，完全没有必要过早地定夺。

弟子们一边低着头往前走，一边用心地挑挑拣拣，经过了很长一段时间。

突然，大家听到苏格拉底苍老的、如同洪钟一般的声音："你们已经到头了。"这时两手空空的弟子们才如梦初醒。

苏格拉底对弟子们说："这块麦地里肯定有一穗是最大的，但你们未必能碰见它；即使碰见了，也未必能作出准确的判断。因此最大的一穗就是你们刚刚摘下的。"

其实，人的一生也就如在麦地中行走，我们也总想找到那最大的一穗。有的人见了那颗粒饱满的"麦穗"，就不失时机地摘下它；有的人则东张西望，一再错失良机。当然，追求应该是最大的，但把眼前的麦穗拿在手中，才是实实在在的。

莎士比亚说过：好花盛开，就该尽先摘，切莫蹉跎等待，否则一瞬间，它就要凋零萎谢，落在尘埃。机遇也是如此。

世界著名喜剧大师卓别林在一次母亲参加演出时，由于母亲嗓子突然哑了，她只得离开舞台，舞台总监决定让卓别林上场，而仅有五岁的卓别林毫不怯场，面对着满场的观众，镇定自若，毫不拘束，迎来了全场的喝彩。正是由于他把握住了这次偶然的机会，以后才能走上艺术道路，最终成为家喻户晓的世界喜剧大师。

人生成功的秘诀就是当机遇来临时，要毫不犹豫地立刻抓住它。犹豫是抓住机遇的大敌，好多机遇就在你犹豫时从你身边悄悄溜走了。

机遇是上苍给我们的礼物。哲学家说：机遇就坐在你身边；教育家说：别坐着不动等待机遇，自己去寻找；成功者说：机遇无处不在；失败者则抱怨说：我为什么没有机遇光顾呢？其实机遇是平等的，只有勇敢、目光长远的人才会看到机遇。成功与失败之间只隔着一堵墙，这堵墙就是机遇。左边是失败，右边便是成功，你愿意选哪边？

好多人总喜欢妄想，期待着天上掉馅饼，并且恰恰落在自己名下。于是他们无动于衷地仰着头，耐心地等待着，希望那个"馅饼"掉进自己口中。这何其可笑。

他们不想付出努力，总是将人生寄于好的机遇，以为机遇一旦"撞上"自己了，成功就自动来到面前。于是他们痴等着机遇，却不知道在这痴等的时候，机遇已与他擦身而过。机遇固然重要，然而通过个人努力抓住机遇更为重要。倘若没有主观努力的争取，仅仅幻想机遇从天而降，那么纵使机遇真的来到你跟前，你也不会发现它、抓住它。因此，想要抓住机遇，自身的努力是十分重要的。

机遇就像恋人，让我们激动不已，让我们时时刻刻都想冲上去，但我们要始终保持冷静，准确掌握时机，过早过迟，它都会失去，机会一旦失去就不会再来。善抓机遇，让我们的人生多一份喜悦，少一点遗憾。

当机立断，该出手时就出手

机会来临时，假如不好好利用它，它就会悄然离你而去，当你醒悟过来想要利用它时，已经来不及了。

在许多情况下，机遇是不允许有更多的时间让我们来左顾右盼，而且必须由我们自己来拿定主意。我们如果任由自己养成要别人替我们拿主意的坏习惯，那么在关键时刻，特别是处在"时不再来"的时候，我们往往就不会有自己的决断。因此，平时不要受别人的影响，应坚持自己的看法，用自己的头脑做决定。

许多人一生碌碌无为，就是因为面对机遇时总是犹豫不决，错过了机会，而沉浸在后悔之中。

一旦出现机遇，我们要全力以赴，兢兢业业地抓住它。机会一旦失去也不要闷闷不乐，调整好心态迎接下一个机会。我国第一个乒乓球世界冠军容国团说过一句格言："人生能有几回搏！"这就是他在打世界冠军的那一场时说的。因为他们的机遇太明显了，就是冠亚军决赛，打赢了就是世界冠军。这种机会并不多，所以人生能有几回搏，他是拼了，所以他得到了世界冠军。

　　曾有一个故事说，一个人对上帝非常信仰，每天都在期待上帝来眷顾他。有一次山洪突然暴发了，道路都被淹没了，他只好爬到自家的屋顶上求生，可是洪水依然在上涨。就在这时，有一艘救生艇停在他房子的旁边，让他上船，他坚持说，上帝会来救他的，他不会上这艘小艇的。过了没多久，又驶来了第二艘救生艇，可他依然不走，他还是说上帝会来救他的。于是第二艘救生艇只好离开。第三次是一架直升机过来救他的，当飞机降落在他的上空时，他依然不走，坚持说上帝会来救他的，拒绝了救助。最终他被洪水淹死了。死后他来到了天堂，见到上帝生气地说：“我最尊敬的上帝啊，您为什么不来救我啊？难道是我的信仰不够吗？”上帝说：“我救了你三次，可你每次都不接受，这怎么能说是我没有救你呢？”这时，这个信徒才恍然大悟，原来是自己不懂得珍惜逃生的机会！

　　机会降临时不懂得把握住它，机会就会从我们身边悄悄地溜走。在命运之神赐予我们机会的时候，我们没有及时抓住它，以致机会从我们的身边溜走，致使我们与成功失之交臂。我们要想获得成功，就先抓住适当的机会，而把握机会的秘诀则是快速的行动与准备。如果人生就像旅程，机会是导游，我们就是旅客。必须随时都要预备好自己的行李，只要一听到机会在敲我们的门，就立即提起行李跟它走。

　　犹豫不决是抓住机会的大敌。如果你有犹豫不决的坏习惯，那么请你振作起精神来，抢在这个正在偷偷耗损你的精力、毁掉你的机会的对手之前，毫不客气地将它击败。不要把这件事情放到明天，从现在就积极地行动起来。努力地尝试做出果断的决定，强迫自己来实行。不管你面对的事情多么复杂，都不要有任何的犹豫。根据你手中的条件，列出各种可能的选择，同时调动你的常识和最敏锐的判断力，迅速做出决定。一旦做出了决定，就不要再后悔，不要再随意改变自己的注意力，让它成为最终的决定。

印度有一位知名的哲学家，他天生有一股特殊的文人气质，不知迷死了多少女人。某天，一个女子来敲他的门，她说："让我做你的妻子吧！错过我，你将再也找不到比我更爱你的女人了！"

哲学家虽然也很中意她，但仍回答说："让我考虑考虑！"

事后，哲学家用他一贯研究学问的精神，将结婚和不结婚的好、坏所在，分别条列下来，才发现，好坏均等，真不知该如何抉择。于是，他陷入长期的苦恼之中，无论他又找出了什么新的理由，都只是徒增选择的困难。

最后，他得出一个结论：人若在面临抉择而无法取舍的时候，应该选择自己尚未经验过的那一个。不结婚的处境我是清楚的，但结婚会是个怎样的情况，我还不知道。对！我该答应那个女人的央求。

哲学家来到女人的家中，问女人的父亲说："你的女儿呢？请你告诉她，我考虑清楚了，我决定娶她为妻！"

女人的父亲冷漠地回答："你来晚了十年，我女儿现在已经是三个孩子的妈了！"哲学家听了，整个人几乎崩溃，他万万没有想到，向来自以为傲的哲学头脑，最后换来的竟然是一场悔恨。

之后两年，哲学家抑郁成疾，临死前，将自己所有的著作丢入火堆，只留下一段对人生的批注：如果将人生一分为二，前半段的人生哲学是"不犹豫"，后半段的人生哲学是"不后悔"。

机会就如空气，无处不在。机会如此易得以致我们将其视为理所当然。

然而只有机会并不能成功，而必须抓住机会，见机行事。

孔子说过，人应该三思而后行。一个人在做某个决定的时候，喜欢权衡一下利弊，以做出有利于自己的选择，这种做法无可厚非，但是如果太瞻前顾后，这只会让机遇白白流失掉。培根说："机会老人先给你送上它的头发，当你没有抓住而后悔时，却只能摸到它的秃头了。或者说它先给你一个可以抓的瓶颈，你不及时抓住，在得到的却是抓不住瓶身了。"因此，人就应该少考虑一些不必要的东西，立即行动。

曾经有人这样说："人生就是不断选择的过程。"这话说得一点儿没错，倘若你的选择是对的，那么这个选择就是助你走向未来，创造辉煌的机遇。因此从这个意义上说，人生，就是一个不断把握机遇或放弃机遇的过程。机遇并没有避开我们，它存在于人生的旅途之中，关键是我们能否"该出手时就出手"，迅速地选择它，切实地把握住它现身的那一刻，并为之付出自己的努力。

把握机遇并不难，这需要我们有足够的勇气和自信。面对机遇，我们不能犹豫，一旦犹豫，机遇就会弃我们而去。

退一步，也是一种智慧

人的一生中会遇到许多问题，在适当的时机，明智地掩盖自己的锋芒，转个身，退一步，你会发现，你已积聚了更多的能量。

读书的人，希望金榜题名；经商的人，希望财源滚滚。有的人一遇到利益，总想得寸进尺。其实，做人处事要以退为进。退而修行，凡事少与人争，这样，偶尔的迂回也许会让我们发现异样的精彩。

　　适时适度的退让不只是一种高超的修养，还能体现你大度的胸怀，是一种美德和爱心，更是一种破除万难的智慧，也是一种强而有力的感化力量。退，可以避免一切的冲突、摩擦与麻烦，是人生中自我保护的良策，是自我安乐的良方。懂得退的人是大智慧者，是不为烦恼所困扰的快乐者，是知足常乐的幸福者。

　　以退为进，是人生处事的最高哲理。人生在世，如果只知前进不懂后退，就可能遇到很多麻烦。谦退让步，有时并不是懦弱无能的表现，让步有时是一种高尚的品质。

　　美国著名的矿冶工程师赫蒙毕业于耶鲁大学，他又在德国的佛莱堡大学拿到了硕士学位。可是当赫蒙带齐了所有的文凭去找美国西部的大矿主赫斯特的时候，却遇到了麻烦。那位大矿主是个脾气古怪又很固执的人，他自己没有文凭，所以就不相信有文凭的人，更不喜欢那些文质彬彬又专爱讲理论的工程师。当赫蒙前去应聘递上文凭时，满以为老板会乐不可支，没想到赫斯特很不礼貌地对赫蒙说："我之所以不想用你就是因为你曾经是德国佛莱堡大学的硕士，你的脑子里装满了一大堆没有用的理论，我可不需要什么文绉绉的工程师。"聪明的赫蒙听了不但没有生气，相反心平气和地回答说："假如你答应不告诉我父亲的话，我要告诉你一个秘密。"赫斯特表示同意，于是赫蒙对赫斯特小声说："其实我在德国的佛莱堡并没有学到什么，那3年就好像是稀里糊涂地混过来一样。"想不到赫斯特听了笑嘻嘻地说："好，那明天你就来上班吧。"就这样，赫蒙运用了必要时不妨让步的策略轻易地在一个非常顽固的人面前通过了面试。

　　或许好多人不一定认可赫蒙的做法，但是通过面试，解决问题才是关键。就拿赫蒙来说，他贬低的是自己，他自己的学识如何，当然不在于他自己的评价，就是把自己的学识抬得再高，也不会使自己真正的学识增加一分一毫，反过来贬得再低也不会使自己的学识减少一分一毫。

美国著名政治家帕金斯30岁那年就任芝加哥大学校长，有人怀疑他那么年轻是不是能胜任大学校长的职位，他知道后只说了一句："一个30岁的人所知道的是那么少，需要依赖他的助手兼代理校长的地方是那么的多。"就这短短一句话，使那些原来怀疑他的人一下子就放心了。

当人们的才能遭受质疑时，为了消除质疑，往往喜欢尽量表现自己能力比别人强，或者努力地证明自己是有特殊才干的人，然而一个真正有能力的领袖是不会自吹自擂的，所谓"自谦则人必服，自夸则人必疑"就是这个道理。

让步不是怯懦的表现，在一定程度上是一种修养，一种做人艺术。让步其实只是暂时的退却，为了进一尺有时候就必须先做出退一寸的忍让，为了避免吃大亏就不应计较吃点小亏。美国第一届总统华盛顿在任时，身边的副总统是德雷斯顿，这是个闲差，可是德雷斯顿却把它变成具有实权的职位，他常常在演说时讲一些他做副总统闹出的笑话，这样做的结果非但没有降低自己，反而赢得了敬佩和拥护。

事物发展总有一个过程，实现目标需要具备必要条件。当目标一定，是进还是退，就要看条件。在条件不具备的时候，选择后退是必要的；这时，只有后退，才能前进。运动员为了跳得更远，先要后退一段距离。经济发展过快，因其原料供应短缺，需要后退一步，把速度降下来，才能继续前进。

老子说："夫唯不争，故天下莫能与之争。"意思是，因为不与人相争，所以没谁能争过他。老子用深邃的辩证思想阐述了"以退为进"的哲理。有时退一步，也是胜者。

在美国政府选举一位议员时，最后剩下的两个人要进行一次演讲来一争高下。当 A 先生上去滔滔不绝地发表自己的长篇大论时，B 先生却安然地坐在观众席上，微笑着听着他的演讲。当 A 先生讲完后，他又带头为 A 先生鼓掌。轮到他，他只是站在讲台上，镇定地说了一句简朴的话："我为我们国家有 A 先生这位出色的政治家而感到自豪！"话音一落，会场顿时僵住了，很快，又爆发出一阵雷鸣般的掌声。结果可想而知，第二位登上了政府议员的席位。

这个故事同样也告诉我们以退为进的道理。这位 B 先生在对手面前没有跟他一争高下，而是作为一个普通观众来欣赏和赞美他。正是因为他那句简短朴实的话赢得了全场观众的支持。这个故事告诉我们，有时候，退或许比什么都更有力量。

在当今社会，很多人都强调锐意进取，强调不达目的誓不罢休的精神。社会上确实有一些这样的人，他们无论生活还是工作很是卖力，什么事都要自己有份，都要自己占头。可实际上，他们除了从这些忙碌的生活中，获得少许充实之外，并没有给自己的生活带来什么变化。

努力生活，锐意进取并没有错，但如果在生活中一味地强调"进"，而忽视了"退"的作用，那么就如同一个人只知道工作而不知道休息一样，只会让自己忙得要死，而忘却了生活的真谛及意义。

远离仇恨，感谢折磨你的人

刀不磨不锋利，人不磨不成器。在生活中，我们总要经受许多折磨，经历各种苦难。许多人对自己的"仇人"怀恨在心，总是处心积虑地报复。仇恨与报复不仅伤害他人，同时也伤害自己。我们应该感谢折磨自己的人，正是由于他们的存在，才使得我们时刻保持危机意识，使我们的人生充满了转折和收获。只有感谢曾经折磨过自己的人或事，才能体会出生命的意义。生命就是一次次的蜕变过程，唯有经历各种各样的折磨，才能打开生命的格局。

远离仇恨，与你的仇人握手言和

仇恨报复是一种搬起石头砸自己的脚的愚蠢行为，因此聪明的人都有"化敌为友"的智慧。

任何人都免不了与别人打交道，由于每个人的人生经历、家庭背景、性格不同，相处久了，难免会发生磕磕碰碰和矛盾冲突，这时往往就会产生仇恨的心理，如兄弟反目、同事争执等，严重破坏了人际关系，给生活带来不少烦恼。其实，这些矛盾只是些小矛盾，只要有一方豁达一些，大度一些，问题就会迎刃而解，干戈会化为玉帛。

仇恨心理是生活中常见的一种不健康的心理状态，它不仅会对仇恨对象造成这样或那样的伤害，而且有害自己的身心健康。

现实中，总是有些心胸狭隘、小肚鸡肠的人对鸡毛蒜皮的事难以释怀。当我们仇恨我们的敌人时，就等于给他们的成功加了砝码，使人生的天平发生倾斜，这种倾斜会让我们心烦意乱、寝食难安，最终导致疾病，甚至死亡。这样看来仇恨不仅没有打击到我们的敌人，反而将我们自己的内心严重摧残了。

从前有一个穷秀才在集市上卖字画。有一天，他看见不远处前呼后拥地走来一位大臣的小少爷。秀才知道这位大臣在年轻时曾经把自己的父亲欺辱、迫害得忧郁而死，秀才的心底不由涌起一阵仇恨的情绪，但这位小少爷并不了解这一切。

这孩子被秀才的一幅花鸟画深深吸引住了，他在这幅画前流连忘返，不忍离去，想要买这幅画，秀才却将这幅画收卷起来，并声称不卖给他。这位小少爷是位痴情任性的人，对那幅画始终难以割舍，不能忘怀。从此以后，这孩子因为想得到这幅画而得了心病，日渐憔悴。

最后，他父亲出面了，表示愿意为这幅画付一笔高价。可是秀才宁愿把这幅画挂在他家堂屋的墙上，也不愿意卖给这个大臣。他阴沉着脸坐在画前，自言自语地说："这就是我的报复，父债子偿。"大臣没有买到画失望地回去了，没过几天，大臣的儿子就死了。

可是秀才却没有得到报复后的快感，他连日梦见小少爷天真的笑脸，这使他的良心受到了谴责，终日痛苦不已。有一天，他应人要求画一幅佛像。可是，他画着画着就觉得佛像与自己以往画的佛像有很大的差异。这使他苦恼不已，他费尽心思地找原因，突然他惊恐地丢下手中的画笔，跳了起来：他刚画好的佛像的眼睛，竟然是那位大臣的眼睛，连嘴唇也是那么相似。他把画撕碎，高喊道："我的报复已经又回报到我的头上来了！"

在现实生活中，我们没必要报复我们的敌人，因为报复也总会回到自己的头上。生活就是这样，面对别人的伤害，刻意的报复往往结局并不乐观，最后的结果与其说是报复了自己的敌人，不如说是更深地伤害了自己。

报复是把双刃剑，在伤害别人的同时，也会划伤自己。因此不要对别人的伤害耿耿于怀，用别人犯下的错来惩罚自己，使自己痛苦，实在是太不明智了。

美国人经常这样教育自己的孩子："当你伸出两只手指去指责别人时，余下的 3 只手指恰恰是对着自己的。"

其实，有时我们不但不应该仇恨和报复自己的仇人，我们应该感谢自己的仇人。因为真正促使我们成功让我们坚持到底的，真正激励我们让我们昂首阔步的，不是顺境与优裕，不是朋友和亲人，而是那些常常折磨我们，给我们带来巨大麻烦与不快的人。因此要学会忘记仇恨，感谢那些折磨自己的人，是他们让我们不懈怠，永远保持拼搏的斗志，我们才能不被残酷的现实所淘汰。

小吴和小范曾经是非常要好的朋友，毕业后进入同一家公司。有一次，他们一起拜访了一个大客户，就快谈成一单大生意。已经有了初步的意向，只等第二天签合同。两个人非常兴奋，就在宿舍里喝酒庆祝。结果小吴酩酊大醉，一直睡到第二天清晨。醒来后，发现小范不见了。等去了公司才知道，小范竟趁他烂醉如泥的时候，提前签成那单生意。当然，所有的功劳都成了小范一个人的。

小吴对此非常气愤。因为那单大生意，小范升了职，并一直做到部门经理；而小吴，在很长一段时间里，一直是公司的一个小业务员，他恨小范的背叛，决定与他断绝朋友关系。

小吴一直埋头苦干，一年后也升了职。可他就是不能原谅小范。他和小范彻底绝交，拒绝去一切有小范在的场合。只要看到小范那张脸，他就愤怒到几乎无法自控，恨不得将那张脸砸扁。

小范多次找到他，跟他道歉。可是小吴对小范的道歉总是置之不理。其实小吴并不快乐，尽管他也升到了部门经理。可是同在一个公司，哪怕再小心翼翼，也难免会不期而遇。每到这时，小吴就会把头扭向一边，脸色铁青，哪怕一秒钟前他还在捧腹大笑。

小吴心里一直很难受。本来犯错的是小范，要受到心灵惩罚的应该是小范。怎么到最后，竟成了他自己？并且一直持续了好几年？

于是小吴去做了心理咨询，医生告诉他，因为他有太多的恨。如果一个人对另一个人有了仇恨，那么就会不快乐。

第二天，小吴试着跟小范交流了一下。结果，多年的积怨一扫而光，他们再次成了朋友。因为不必刻意回避一个同事，所以小吴的业务做得一帆风顺，并再次升了职。

只有能容纳你的仇人，你才能得到世界。一个人懂得放下仇恨与自己的敌人握手的同时，也为自己开启了许多方便之门。

法国有句谚语："原谅过去，才能释放自己。"仇恨便是缘于过去被伤害的不愉快的记忆，人们之所以要记住过去的不愉快，就是要努力防止那些不愉快的事再度发生，避免再度受到伤害，如果一定要把过去的伤痛加之于现在，那我们便永远走不出过去的阴影，永远也抹不去曾经的伤痛。久而久之，便形成了狭隘的仇恨心理。一旦我们原谅了曾经伤害过自己的人，我们的生活就会变得轻松愉快，从而重现生机。

当别人伤害我们时，我们应该大度一些，不要用仇恨折磨自己，应该把伤害看作我们前进的动力。记住事情我们便有了前车之鉴，不记仇恨我们才能忘记忧愁，心情舒畅。

感谢你的对手，是对手成就了你

是竞争对手使我们走向成功。我们的成功离不开竞争对手的陪伴和激励。

拿破仑说："一匹马如果没有另一匹马紧紧追赶并要超过它，就永远不会疾驰飞奔。"一个人如果没有竞争对手，他可能丧失危机意识，永远不会前进。正是对手成就了你，善待自己的竞争对手就是善待自己。

在非洲的草原上，生活着斑马、羚羊和狮子，每天早晨，羚羊和斑马，睁开眼睛所想到的第一件事就是：我必须比狮子跑得快，否则，我就可能被吃掉；狮子也在想：我必须追得上跑得最慢的羚羊和斑马，否则，我就会被饿死。人类生活中，从另一个意义上也重复着同样的故事。这个故事给我们提出这样一个问题：我们应该同情谁？到底谁应该活下去？正确答案应该是：物竞天择，优胜劣汰，强者生存。

把一只青蛙放进一锅冷水里，然后慢慢加热，开始时水是冰凉的，青蛙觉得很舒服，水温逐渐升高，直至青蛙再难忍受才意识到危险，这时才努力想跳出热锅，但为时已晚，最后青蛙煮死了。另有一只青蛙，被扔进一锅热水里，一下子受到强烈刺激，于是奋力一跳，成功保住性命。

如果一个人一直沉溺于过去的辉煌，没有忧患意识和危机感，顺境面前盲目乐观，因循守旧，不思进取，时间一长就会被习惯性思维所控制，丧失锐气。而他可能如故事中的第一只青蛙那样，对生存环境的变化浑然不觉，从而失去竞争力，待意识到变化来临，已无力应变，最终被社会淘汰。

孟子说："生于忧患，死于安乐。"意思就是说人要有危机意识，没有危机意识，得过且过，最终将一事无成。我们一定要有居安思危的意识，只有这样，我们才能不断进步，创造更大的成功。

没有危机感的人，将面临更大的危机。为危机做超前准备，就会化危机为转机。21 世纪是终生学习的世纪，不学习就落后，少学习也落后，学慢了同样落后。重要的学习机会，比别人少参加一次，当即就被他人超越。一项事业，他人还没做，自己正在做，就已经超越了他人。当别人休息的时候，我们还在学习，我们又一次超越别人。想比别人强，就要比别人多懂，多懂来自多学。只有懂得更多，才能做得更好。只有比别人做得更好，才能强于别人！成功人士总是做那些普通人能够做而不愿做的事，所以他才成功。

在运动场上，裁判员不是根据起点的先后认定名次，而是看谁先到达终点。作为观众，通常不会赞赏跑在最后面的人。竞争会推动社会进步，竞争会使我们由弱变强。

深圳航空公司老总董力加曾坦言："深航公司规模小，生存环境条件相对恶劣。从开始组建深航到今天，我天天担心的，实际上就是两个字——失败。世界上的百年老店并不多，企业界也遵守'丛林法则'，我们必须天天为生存奋斗，一步不慎就可能垮掉。深航努力使每个员工都具有危机感，能意识到饭碗和乌纱帽都是捧在手上而没有锁在保险柜里，然后通过管理把这种危机感所产生的紧张转化成生产力，这样我们才能活下去。"

世界是动态的，一个人的水平和能力也不是静止的。没有谁敢主观断定明天或后天将出现的风云人物，一定不会是自己身边的人。这个世界，没有什么不可能的事，只是我们可能不知道有多少人私下里正在朝着自己的目标暗自努力。成功者不一定是聪明者，而是生活中的强者。任何人在竞争中取胜都会成为强者。

日本著名企业家松下幸之助在总结其企业成功的经验时，特别强调：长久不懈的危机意识是使企业立于不败之地的基础。

西方管理学上有个"鲶鱼效应"的说法。在挪威沿海一带盛产沙丁鱼，这个地方的渔民一年四季都会到深海去捕捞沙丁鱼，然后运到各个市场上去。因为路途遥远，沙丁鱼在运输过程中会因为缺氧而大批死亡，这个难题一直困扰着当地的渔民。但是有一位老渔民，他每次运到市场的鱼都非常的鲜活，别人都不知道是怎么回事，于是就去请教这位老渔民。老渔民说："我的秘诀就是在运输沙丁鱼之前，在装着沙丁鱼的篓子下面放几条鲶鱼。"原来鲶鱼会咬沙丁鱼，只要鲶鱼一动，所有的沙丁鱼为了逃命，就会拼命地四处逃窜，在逃窜的过程中造成空气流动，水中就有了足够的氧气，所以即使经过几天的路程，沙丁鱼被运到菜市场时，这些鱼还是鲜活的。别人只是想到鲶鱼会吃沙丁鱼，怎么可能把鲶鱼放到沙丁鱼里面呢？但是这位老渔民的智慧就在于他通过鲶鱼给沙丁鱼制造了危机意识，这就是著名的"鲶鱼效应"可见，沙丁鱼是受了外界的刺激和压力才保持了生机和活力。

一个人，能否有所成就，能否保住已有的成就，能否取得更大的成功，"危机意识"在其中起着重要作用。无需怀疑，海尔是成功的，可是海尔的总裁却总是说："我们的海尔，可能就是因为一个螺丝帽而被世界所淘汰的。"无需怀疑，比尔·盖茨也是成功的，然而我们却总会不时地想起他那句自省的话："微软离破产永远是 18 个月。"

有危机并不可怕，没有危机才是可怕的，而没有危机意识更是可怕的。人的发展需要危机意识。人们一旦意识到自己所处的社会环境是不利的或者是相对劣势的，一般都会尽最大的努力去提高自己或直接改造自己所处的环境，以达到自己与社会环境的统一和平衡。但当人们对自己所处的环境很满意时，则会在相对平衡中失去潜在的积极性与进取心，从而放弃努力。这样，一旦环境因素有了变化，就会出现对新环境的不适应，又缺乏应有的适应能力，最终会被新环境所拒绝或淘汰。所以说，太过安逸的环境，是不利于人的成长与进步的，人只有在危机的环境中，才有积极奋发的精神和干劲。

一个强劲的对手，会让你时刻有种危机四伏感，它会激发起你更加旺盛的精神和斗志。善待你的对手，千万别把他当成"敌人"，而应该把他当作是你的一剂强心针，一台推进器，一条警策鞭。善待你的对手，因为他的存在，你才会永远是一条鲜活的"沙丁鱼"。

有竞争，就免不了有输赢。即使你在竞争中失败了，也不要怨恨对手。你可以学习他的长处，反思他的不足，不让自己再犯同样的错误；更不要置对手于死地，现代竞争是一种高级商战，我们必须要学会更理智、更高明的竞争方法，认真研究对手，进而超越对手，要以柔克刚，少搞针锋相对，这才是功力。只有不断让自己的实力更雄厚，勇敢地参与各项竞争，才能立于不败之地。

为了不"折"，弯一下腰又何妨

古语说："大丈夫能屈能伸。"面对人生的逆境不要盛气凌人，忍耐才是智者的选择。

假如你与对手发生了冲突，你又处于劣势地位。这时，你不必为逞匹夫之勇以卵击石，还是避其锋芒，等自己变得坚强起来再做打算。

俗话说："胜败乃兵家常事。"所以，战场上从来没有常胜将军，只有做到进退自如，能屈能伸，才是一名合格的将帅。西点强调，真正的勇士是懂得并且善于利用进退规则的，因为无论选择进还是选择退都需要大无畏的精神，有时候"退"更加需要决心和勇气。

人生总会面临两种处境：一是逆境，二是顺境。在逆境中，困难重重，这时节应懂得一个"屈"字，委曲求全，保存实力，以等待转机的降临。在顺境中，幸运和环境对自己都有利，这时节当懂得一个"伸"字，乘风万里，扶摇直上，以顺应时势更上一层楼。

一个能屈能伸、能进能退的人，才是有大智慧的人。在我国古代有许许多多的历史人物证明了这一点，其中最有名的莫过于越王勾践了。

春秋时代，吴越交战，越国失败。越王勾践只好"卑辞厚礼"向吴求和，等待东山再起。勾践先用美女、金银珠宝贿赂吴王和众臣，还用妻子作人质，自己为吴王当马夫。勾践还为吴王送茶送饭，端屎端尿，终于赢得了吴王信任，得以被释放。勾践死里逃生回国后，卧薪尝胆，一面继续进贡吴国，一面聚兵训练。经过十年的积聚，越国终于由弱国变成强国，最后打败了吴国，吴王羞愧自杀。

越王勾践的卧薪尝胆 20 年，最终实现灭吴的大业，成为春秋最后一个霸主。

正是因为夫差的折磨，勾践才成为一代霸主。大丈夫当能屈能伸，伸于当伸之时，是一种人生的智慧；屈于当屈之时，更是一种人生的大智慧。屈不是让人不思进取，颓丧沉沦；屈是为了保存力量，是为了寻找更好的策略和道路，以求更大的伸展。

人生遇到逆境在所难免，这时我们要学会忍耐，忍为天下先。忍耐可以促使一个人的身心成熟。只有能忍心中傲气，才能得到无限的收益。善忍是成大事者必备的素质之一。我们常说"忍一时风平浪静，退一步海阔天空"，可是，又有几个人真正做到呢？一个人一旦真正做到了，他必定是个极其了不得的人。

孔子曰："百行之本，忍之为上。"忍是一种做人做事的大智慧，能忍善忍就能够为自己留有后路。忍显示着一种力量，是内心充实、无所畏惧的表现。忍是一种强者才具有的精神品质。忍，不是低三下四、甘愿受他人摆布、忍气吞声、受人欺侮、逆来顺受不去反抗，而是一种积蓄力量的方式。历来成功的从政者都知道"忍"字是传家宝，能忍者方能伺机待时，等到自己有足够的力量和对手抗争的时候方猛地反击，必能一战而胜。汉朝的开国功臣韩信就是一个以"忍"成名的将军。

韩信很小的时候就成了孤儿，为了维持生活他只好去钓鱼。韩信经常受一位靠漂洗丝绵生活的老妇人的周济，因此，屡屡遭到周围人的歧视和冷遇。

一次，一群恶少当众羞辱韩信。有一个屠夫对韩信说："你虽然长得又高又大，喜欢带刀佩剑，其实你胆子小得很。有本事的话，你敢用你的配剑来刺我吗？如果不敢，就从我的裤裆下钻过去。"韩信自知身单力薄，硬拼肯定吃亏。于是，当着许多围观人的面，从那个屠夫的裤裆下钻了过去。史书上称"胯下之辱"。

有传说韩信富贵之后，找到那个屠夫，屠夫很是害怕，以为韩信要杀他报仇，没想到韩信却很是善待屠夫，他对屠夫说，没有当年的"胯下之辱"就没有今天的我。

一个人要想成就大事业就得有不同于寻常人的胸襟，能忍受常人所不能忍受的耻辱。面对耻辱，要冷静地思考，而不是鲁莽地凭自己的一时意气用事。因为人在遭遇困厄和耻辱时，如果自己的力量不能和对方抗衡，那么最重要的就是要把自己的实力保存起来，而不是拿自己的命运作赌注，做无所谓的争取。一时意气是莽夫的行为，绝对不是成大事的人所为。

唐代娄师德的才能非常得武则天的赏识，因此招来很多人的嫉妒。所以，在他弟弟外出做官的时候他对弟弟说："我现在得到陛下的赏识，已经有很多人在陛下面前诋毁我了，所以你这次在外做官一定要事事忍让。"

他弟弟就说："就算别人把唾沫吐在我的脸上，我自己擦掉就可以了。"娄师德说："这样还不行，你擦掉就是违背别人的意愿，你要能让别人消除怒气你就应该让唾沫在脸上自己干掉，应当笑着接受下来。"正因为娄师德"忍"的精神他才安安稳稳做了 30 年的宰相。

美国前总统林肯曾经说过："对暂时斗不过的小人要忍耐。与其和狗争道被狗伤，还不如让狗先走。因为即使你将狗杀死，也不能治好被咬的伤。"

"忍"其实就是一种自我控制，也是成功的基础，更是经过千锤百炼而形成的一种性格。我们只要在遇事时，多一点忍让，少一点争执，多一点自制，少一点冲动，那么就能成就不小的事业。"忍"字是一些有修养的人的一种品质。不仅如此，对于每一个人，"忍"字都有着它特定的意义。

俗话说："人生不如意事十之八九。"人生道路多有坎坷，因此没有谁能一生中都是一帆风顺，毫无波折。因此，要想生存在这个变化无常的世界里，必须学会而且要善于"忍"。

能忍的人，必定是胸怀宽广的人。人生在世，须有宽大的胸襟，只有成为海量的忍者，才能打开生命的格局。

"逼"自己进步，每天淘汰自我

一个人如果没有竞争对手，他可能丧失危机意识，永远不会前进。与其让别人淘汰自己，不如自己淘汰自己。

我们要感谢对手的折磨，是对手的折磨我们才有进步。没有对手的时候，自己就是自己的对手。只有懂得每天主动淘汰自己，我们才能进步。

毕业于哈佛大学的美国哲学家詹姆斯说："你应该每一两天做一些你不想做的事。"这是一个永恒不灭的真理，是人生进步的基础和上进的阶梯。有一句名言与这个观点相同："容易走的都是下坡路。"辩证法里量变质变定律也讲，量变积累到一定程度就会发生质变。所以不要奢望个人的进步能够立竿见影，只要每天进步一点点就行了。让自己进步的方法很多，"每天做点困难的事"，就是"逼"自己进步的办法之一。

在很多年前，有一群熊，欢乐地生活在一片树木茂密、食物充足的森林里，他们在这里繁衍子孙，同其他动物友好相处。后来有一天，地球上发生了巨大变化，这片森林被雷电焚烧，各种动物四散奔逃，熊的生命也受到威胁。其中一部分熊提议说："我们北上吧，在那里我们没有天敌，可以使我们发展得更强大。"另一部分则反对："那里太冷了，如果到了那里，只怕我们大家都要被冻死、饿死。还不如去找一个温暖的地方好好生存，可供我们吃的食物也很多，我们也很容易生存下来。"争论了半天，谁也说服不了谁，结果，一部分熊去了北极边缘生活，另一部分则去了一个四季温暖、草木繁茂的盆地居住下来。

到了北极边缘的熊，由于气候寒冷，他们逐渐学会了在冰冷的海水中游泳，还学会了潜入水下、到海水中捕食鱼虾，甚至敢于与比自己体积还大的海豹搏斗……长期下来，他们的身体比以前更大更重，更凶猛。这就是我们现在看到的北极熊。

另一部分熊到了盆地之后才发现：这里的肉食动物太多了，自己身体笨重，根本无法和别的肉食动物竞争，便决定不吃肉了，改为吃草。没想到这里的食草的动物更多，竞争更激烈。草也吃不成了，只好改吃别的动物都不吃的东西——竹子，这才得以生存下来。渐渐地他们把竹子作为自己唯一的食物来源。由于没有其他动物和他们争抢食物，他们变得好吃懒动，体态臃肿不堪，就演化成了我们现在看到的大熊猫。但后来竹林越来越少，大熊猫的数量也越来越少，几乎濒临灭绝，只能被关在动物园里，靠人类的帮助才能生存。

无论在工作中或生活中，面对有困难、有挑战的事人们往往敬而远之，人们总是想方设法地来逃避。在逃避痛苦和追求快乐的心理作用下，人们更容易选择以逃避或拖延来降低压力。然而，往往这些你刻意逃避的事，就是提升工作能力的突破口。

动物每天不淘汰自己，也就没有了野性；一个人每天不淘汰自己，就会自甘平庸与堕落；一个群体如果每天不淘汰自己，就会因过度安逸而丧失活力；一个国家如果不每天淘汰自己，就会逐渐走向懈怠和腐败；一个行业如果不每天淘汰自己，就会丧失革新的动力，安于现状而逐渐走向衰亡。

美国著名指挥家沃尔特·达姆罗施20多岁就当上了乐队指挥，但他仍保持着谦和、勤勉的作风，没有忘乎所以。面对大家的夸奖，他自己透露了谜底——"刚当上指挥的时候，我也有些飘飘然，以为自己才华举世无双，地位无人可撼。一天排练，我忘了带指挥棒，正要派人回家去取，秘书说：不必了吧，向乐队其他人借一根不就行了？我想：秘书真是糊涂，除了我，别人带指挥棒干吗？但我还是随便问了一声：'谁有指挥棒？'话音还没落，大提琴手、小提琴手和钢琴手，各掏出了一根指挥棒。

"我心中一惊，突然醒悟：原来自己并不是什么不可或缺的人物，很多人一直在暗中努力，随时要取代我。以后，每当我偷懒、膨胀的时候，那三根指挥棒就会在面前晃动。"

如果你不进步，你就可能被淘汰。让自己进步的方法是多种多样的，"每天做点困难的事"，就是"逼"自己进步的办法之一。当然不要指望几天内就能有翻天覆地的变化，"欲速则不达"的道理谁都明白。做法很简单，只需要你每天进步一点点，等到一段时间过后，你会发现现在的你比起以前已经大不一样了。

如果你是做销售工作的，你偏偏欠缺沟通能力，惧怕与客户打交道，克服惧怕心理的办法就是每天"逼"自己多跟客户交流，为客户介绍产品，为客户提供服务；如果你是一位公关人员，但是你恰巧又是一个内向的人，那你就每天"逼"自己主动与主要的业务伙伴联系，或约见；如果你是一位营销人员，但是当众演讲又是你最发怵的事情，那你就每天"逼"自己练习讲话……

不要觉得自己不擅长做什么就不去做，好多能力是后天锻炼出来的。没有天生就擅长做什么的，只要你敢于挑战自我，突破自我，即使你认为自己做不好的事也能做得非常出色。不要担心你是否会坚持到最后，或最终会不会达到你想要的结果，去试一下先做你最不喜欢的事，不仅会让你觉得第二件工作没有第一件烦人，并且会让你的信心大大增强，甚至会感到骄傲。

最终你会发现，那些曾经让你苦恼万分的问题，在每天一点点的进步下会逐渐松动瓦解，你也将会跃上人生的更高一层的阶梯。"一切都是可能的"用这个想法去思考，就像给自己的心中放入一个马达，会使你学会如何积极地思考，你会比过去更有挑战并战胜一切的实力，超越自己也就变得不那么困难了。

现代社会充满竞争，如果你不懂得提升自己的能力以适应社会，你就会被淘汰出局。唯有不停地努力，不停地找准自己的立足点，勤奋地用别人双倍的艰辛来完成自己的使命。每天淘汰自己，每天都要进步。

感恩挫折，是挫折让你更优秀

换一个心境来面对挫折，因为挫折会激发一个人奋进的力量。

我们在日常的工作和生活中，总是会有坎坷的，任何一个人在成长的道路上，都会遇到这样那样的困难和挫折。我们不要逃避挫折，也不要灰心丧气，而应该对挫折抱着感谢的态度，因为挫折有可能是我们命运转机的枢纽。

一个人要想获得成功，必定要经过很多挫折和磨难。许多人才能是在困境中发挥出来的。

当一个人身处顺境时，尤其是在春风得意时，一般很难看到自身的不足和弱点。唯有当他遇到挫折后，才会反省自身，弄清自己的弱点和不足，以及自己的理想、需要同现实的距离，这就为我们克服自身的弱点和不足、调整自己的理想和需要提供了最基本的条件。所以，挫折是人生的催熟剂，经历挫折、忍受挫折是人生修养的一门必修课程。

美国著名的电台主持人莎莉·拉斐尔在自己的职业生涯中遭遇了18次辞退，她的主持风格被人贬得一文不值。然而，她现在的身份是美国一家自办电视台节目主持人，曾经两度获全美主持人大奖。每天有800万观众收看她主持的节目。

最早的时候，她想到美国大陆无线电台工作。但是，电台负责人认为她是一个女性，不能吸引听众，理所当然地拒绝了她。

她来到了波多黎各，希望自己有个好运气。但是她不懂西班牙语，为了练好语言，她花了3年的时间。但是，在波多黎各的日子里，她最重要的一次采访，只是有一家通讯社委托她到多米尼加共和国去采访暴乱，连差旅费也是自己出的。

在以后的几年里，她不停地工作，不停地被人辞退，有些电台指责她，根本不懂什么叫主持。

1981年，她来到了纽约的一家电台，但是很快被告知：她跟不上这个时代。为此，她失业了一年多。

有一次，她向一位国家广播公司的职员推销她的清谈节目策划，得到他的肯定。但是，那个人后来离开了广播公司。她再向另外一位职员推销她的策划，这位职员对此不感兴趣。她找到第三位职员，要求他雇用她。此人虽然同意了，但他却不同意搞清谈节目，而是让她搞一个政治节目。

她对政治一窍不通，但是她不想失去这份工作。她"恶补"政治知识……

1982 年的夏天，她的以政治为内容的节目开播了。凭着她娴熟的主持技巧和平易近人的风格，让听众打进电话讨论国家的政治活动，包括总统大选。

这在美国的电台史上是破先例的。

她几乎在一夜之间成名，她的节目成为全美最受欢迎的政治节目。

在美国的传媒界，她就是一座金矿，她无论到哪家电视台、电台，都会带来巨额的回报。

莎莉·拉斐尔说："我平均每 1.5 年，就被人辞退一次，有些时候，我认为这辈子完了。但我相信，上帝只掌握了我的一半，我越努力，我手中掌握的一半就越庞大，有一天，我终于赢了上帝。"

挫折是我们每个人成长的路上必经的，未经历挫折的人生是不完美的人生。有句名言说得好：如果你想一生摆脱苦难，你或者是神或者是死尸。这句话形象地说明了挫折是伴随着人生的，是谁都逃不掉的。我们能够做到的，只是如何减少、避免那些由于自身的原因所造成的挫折，而在遇到痛苦和挫折之后，则力求化解痛苦，力争幸福。我们要知道，痛苦和挫折是双重性的，它既是我们人生中难以完全避免的，也是我们在争取成功时，不可缺少的一种动力。

没有经受挫折的洗礼，我们难以成功。正是因为挫折多了，所以我们的意志才会更加坚定，对人生的理解才会更加深刻，我们的潜能才会发挥得更好。

任何成功都包含着失败和挫折，每一次失败都是通向成功的台阶。成功与失败并没有绝对不可跨越的界限，成功是失败的尽头，失败是成功的黎明。挫折的次数愈多，成功的机会愈近。成功往往是最后一分钟来访的客人，成功与失败的差距只在完全做对一件事情和几乎做对一件事情的时候来临的。

明初著名的文学家宋濂，在他年轻的时候，因为家里穷，没有钱买书，就向有藏书的人家借，在冬天，他的手指冻得不能屈伸，但他还是继续抄写书中的内容，并依时归还给别人。后来他又冒着严寒，长途跋涉，不顾双脚的皮肤皲裂疼痛向老师请教。最后宋濂成为了文学家，他的成就离不开他勇于面对挫折时的坚强不屈。

挫折是一种挑战和考验，在挫折面前人们的精神比较专注，人们的潜能因受到刺激而得到发挥。可以这么说，正是挫折和教训才使我们变得聪明和成熟，正是失败本身才最终造就了成功。所以，对于我们来说，没什么逾越不了的，只要我们能够战胜自己就可以战胜挫折。我们最大的敌人就是我们自己。

挫折在人的一生中是不可避免的，不要哀叹自己为什么那么倒霉，总要遇到不如意或是失败，其实每个人都会遇到挫折，只是大小不同而已。做任何事情要想获得成功，必须得付出代价，而遇到挫折和失败是所付出的代价的一部分。遇到失败或是挫折并不可怕，关键是如何对待挫折，不能一遇到挫折就心灰意冷、一蹶不振。人生如果仅求两点一线的一帆风顺，生命也就失去了存在的魅力。把每一天的失败都归结为一次尝试，不去自卑；把每一次的成功都想成一种幸运，不去自傲。

当我们遇到坎坷、挫折时，不悲观失望，不长吁短叹，不停滞不前，把它作为人生中一次历练，把它看成是一种人生成长中的常态，这将助你更好地谱写出自己的人生精彩。人生必有坎坷和挫折。挫折是成功的先导，不怕挫折比渴望成功更可贵。

从某方面说，挫折对我们来说是一件历练意志的好事。唯有挫折与困境，才能使一个人变得坚强，变得无敌。挫折足以燃起一个人的热情，唤醒一个人的潜力，而使他达到成功。有本领、有骨气的人，能将"失望"变为"动力"，像蚌壳那样，将烦恼的沙砾化成珍珠。

不经历风雨，怎能见彩虹？没有失败的人生绝不是完美的人生。当你战胜失败的时候，你会对成功有更深一层的感悟。就是在这样一次次的感悟中，你走出了一个完美的人生。

大海里没有礁石激不起浪花，生活中经不住挫折成不了强者，深处困境创造奇迹的例子并不在少数。挫折会带来痛苦和损失，亦会让人在承担挫折的过程中得到磨炼和奋起。正所谓："自古英才多磨难"，挫折在那些成功的人面前，成了人生的阳光，折射能使阳光美丽起来，挫折也会使人生变得美丽起来。

困难面前，永不放弃

人生的路上充满坎坷和挫折，只有永不放弃、坚持不懈的人才能最终到达胜利的彼岸。

世界上没有绝对平坦的路，也没有一帆风顺的人生。要想取得成功，除了努力奋斗，我们别无选择。奋斗的途中失败在所难免，失败并不可怕，可怕的是丧失战胜失败的勇气。

面对挫折和困难，我们应该学会坚强，具备一份永不放弃的信念。我们只有永不放弃，才能战胜重重困难，到达胜利的彼岸。

荀子说："骐骥一跃，不能十步，驽马十驾，功在不舍。"有的人事情做不好，往往不是因为没有能力，而是因为没有坚持。成功的秘诀是贵在坚持。有时成功离我们并不遥远，或许就近在咫尺，可惜我们没有再前进一步、再坚持一点，结果与其失之交臂。

美国一个伟大的大学篮球教练，执教一支很烂的因为刚刚连输了10场比赛而开除了教练的大学球队。这位教练给队员灌输的观念是："过去不等于未来，没有失败，只有暂时停止成功，过去的失败不算什么，这次是全新的开始。"

结果第十一场比赛打到中场时又落后了30分，休息室每个球员都垂头丧气，教练道："你们要放弃吗？"球员嘴巴讲不要放弃，可肢体动作表明已经承认失败了。教练就开始问问题："各位，假如今天是篮球之神迈克尔·乔丹遇到连输10场在第十一场又落后30分的情况，篮球天王，迈克尔·乔丹，他会放弃吗？"球员道："他不会放弃！"

教练又道："假如今天是拳王阿里被打得鼻青脸肿但在钟声还没有响起，比赛还没有结束的情况下，拳王阿里会不会选择放弃？"球员答道："不会！"

"假如发明电灯的爱迪生来打篮球，他遇到这种状况，会不会放弃？"球员回答："不会！"

教练问他们第四个问题："米勒会不会放弃？"这时全场非常安静，有人举手问："米勒是哪门子人物，怎么连听都没听说过？"教练带着一个淡淡的微笑道："这个问题问得非常好，因为米勒以前在比赛的时候选择了放弃所以你从来就没有听说过他的名字！"

哲人说："失败是成功之母。"失败并不可怕，只要我们能正确地面对失败，我们就离成功不远了。失败只能代表过去，只要冷静地分析失败的原因，总结经验教训，努力改正自己的不足，继续坚持下去，就能取得成功。

只要你不放弃，你就有成功的机会，这就是成功的秘诀。你一旦放弃了自己的努力，你同时也放弃了成功的机会，你永远不可能成功。从来没有放弃机会的成功者，坚持不懈的人必成功。

绝大多数人的失败，因为他们离成功的大门只有一步之遥的时候，他们却放弃了。这就是他们没有办法成功的最重要原因，这也就是成功者可以实现梦想最重要的法则——永不放弃，绝对坚持到底。

著名画家齐白石15岁时迷上了雕花木工，他立刻去请教一位篆刻师傅。篆刻师傅告诉他，只要把一袋础石磨成泥浆，就能学好篆刻的功夫。果真，齐白石挑来了础石，磨了再刻，刻了再磨。日复一日，年复一年。齐白石的手上磨出了血泡，而地上沉积的泥浆也越来越厚。齐白石手中的础石却越来越小了，他逐渐炼成了炉火纯青的篆刻功夫。齐白石，不畏艰难，坚持不懈，正因为不懈的坚持，帮助他一步一步登上成功的顶峰。

成功是一种习惯，放弃也是一种习惯。成功是一种不可多得的好习惯，而放弃是一种应该摒弃的坏习惯。很多人习惯于放弃，遇到瓶颈放弃，遇到挫折放弃，坚持不到一个月就放弃。这样的人注定与成功无缘。

成功都是长期积累而成的。一般人可能坚持一个月、两个月，也有可能坚持一年、两年，或五年。可是他没有坚持6年，他没有坚持13年，所以他没有成功。关键就在于你能坚持多久。

荀子说："锲而舍之，朽木不折；锲而不舍，金石可镂。"人生就像一条漫长的跑道，唯有坚持不懈，才能到达终点，收获成功。坚持是一个明亮的灯塔，在黑暗中指引我们走向光明；坚持是一把万能的钥匙，帮助我们打开成功的大门。坚持，是远航的船帆。有了帆，船才可以到达遥远的彼岸，我们才可以占据成功的领域。

在我国明朝时期，史学家谈迁经历 20 多年呕心沥血的创作，终于完成了明朝编年史《国榷》，然而世事难料，一天夜里，小偷进入他家，竟偷走了锁在箱子里的《国榷》原稿。多年的心血转眼间化为乌有。对任何人来说都难以承受，但已年过 60 岁的谈迁并没有被挫折打倒，而是很快从痛苦中站了起来，下定决心再从头撰写这部史书。试想，如果当初谈迁选择的是自暴自弃，那么世界文坛恐怕就会少了一部巨著。

一位哲人说："逆境是一所大学校。当我们身处逆境或遭受挫折的时候，无需怨天尤人，更不必悲观消沉，而应该把这一切都当作磨炼自己的绝好机会，坚韧执著，奋发图强，必有所成。"

困难面前更要坚定意志，决不放弃。我们应该感谢困难，因为一个人的能力往往是在逆境中锻炼出来的。一个人之所以能够功成名就，完全是因为他能承受得住无数大大小小坎坷的打击，面对挫折不屈服，面对困难不低头，面对危险不退却，面对失败不放弃。一个永不放弃、永不言败的人，不仅可以尽享生活的乐趣，还可以把平淡的生命衍化为激昂的人生。

让心静下来，幸福就会到来

不良情绪是困扰人类的一大灾难，每个
人都避免不了不良情绪，不良情绪就像病毒一
样，对我们的身心构成极大危害，甚至能摧毁
人的一生。世界本没有变，改变的是自己的心
情。不论遇到什么事，只要你心如止水，泰然
自若，你就永远不会遭受不良情绪病毒的侵扰。
你生活的快乐是因为你有愉悦的心情，你生活
的烦躁是因为你有烦恼的心情。世上一切令人
不愉快的事都是因为自己的心情出了问题。小
心呵护你的心情，你才能远离烦躁。

希望是黑暗中的一盏明灯

人生总是不断向前，充满希望的，希望给我们带来信心和力量。

有位哲人说："你若有希望，你就年轻；你若绝望，你就衰老。"希望，对我们来说并不陌生，但未必了解它的真正内涵。在现实生活中，有人总是说看不到希望，有人恰恰相反。其实，每个人每天都可以给自己一个希望，领略到生活的真谛，给人以启迪和感悟，给人以信心和力量。

在人生旅途上，一个人内心的愿望得到满足时，会觉得自己快乐无比。但是，世界上终究存在着不如意的事情。在生活中，一旦遇到这样的事情，你又该如何呢？

其实，一个人可以推卸这一件东西或那一件东西，放弃这一个想法或那一个想法；但无论如何，不能失掉和放弃生活的愿望。一个失掉了生活愿望的人，必然要成为自甘沉沦、淡漠处世、灰溜溜地过日子的人。

希望是人生的方向，是心中一盏不灭的明灯，是我们前进的动力。面对危险时，希望使我们从容淡定；面对挫折时，希望使我们获得巨大能量。

每天给自己一个希望，我们的生活将充满阳光，希望的阳光驱除一切叹息和悲哀，不要将生命浪费在一些无聊的小事上。生命是有限的，但希望是无限的，只要我们不忘每天给自己一个希望，我们就一定能拥有一个丰富多彩的人生。每天给自己一个希望，就是给自己一个目标，给自己一点信心。

课堂上，教授从讲义夹中取出一张白纸，问大家："这张纸有几种命运？"学生们一时愣住了，没想到教授居然会问这么奇怪的问题，一时没有人回答。教授把纸扔到地上，又当着大家的面在纸上踩了几脚，纸上立刻就沾满了灰垢，教授又问："这张纸有几种命运？""这张纸现在变成废纸了。"有学生皱着眉头说。教授不置可否，弯腰捡起那张纸，把它撕成两半后又扔在地上，再问一遍同样的问题。学生们都被教授的举动弄糊涂了，不知道他到底要说什么。先前那个学生答道："它还是一张废纸。"教授不动声色地捡起撕成两半的纸，很快在上面画了一幅人物素描，还配了一首诗，而刚才踩下的脚印恰到好处地变成了少女裙摆上美丽的褶皱。

这时教授举起画问："现在请回答，这张纸的命运是什么？"学生们一下子明白了教授的意思，干脆利落地回答说："您赋予这张废纸以希望，使它有了价值。"教授脸上露出笑容："大家都看见了吧，一张不起眼的纸片，以消极的态度对待它，它就一文不值；以积极的态度对待它，给它一些希望和力量，纸片就会起死回生。一张纸片是这样，一个人也是这样啊。"一张纸片可以被当作废纸扔在地上，被踩来踩去，也可以作画写字，更可以折成纸飞机，飞得很高很高，使人仰望。一张纸片尚且有多种命运，更何况人呢？命运如纸，只要保持一种乐观的心态，无论它怎样变化，遭受怎样的挫折与磨难，它依然是有价值的。

不论何时何地，我们都应该自己给自己希望。希望让人充满活力，充满生机，促使人们不断进取。尤其是身处困境的人，更应该给自己以希望，希望能帮助你走出困境，走向成功。内心总是充满希望的人，会觉得人不仅应该活下去，还应该活得很好。

法国启蒙思想家伏尔泰说："人类最宝贵的财富是希望，希望减轻了我们的苦恼，为我们在享受当前的乐趣中描绘来日乐趣的图景。如果人类不幸到只限于考虑当前，那么人就会不再去播种，不再去建筑，不再去种植，人对什么也不准备了；从而在这尘世的享受中，人就会缺少一切。"

人生在世，诸多事情是我们所难以预料的。但这并不代表我们只能听天由命，妄自菲薄。我们不能控制际遇，但可以掌握自己；我们无法预知未来，但可把握现在；我们不知道自己的生命有多长，但我们可以安排当下的生活；我们左右不了变化无常的天气，但可以调整自己的心情。只要每天给自己一个希望，我们的人生就一定光彩夺目。

法国著名的妇女周刊《她》的主编，名叫博比。他是一个事业很成功的人，他的一生一直很顺利，假如没有那一次厄运的话。那次，在与女儿去歌剧会的路上，他的一根血管爆开了，到了医院经诊断，他患上了一种罕见的病——闭锁综合征，从而失去了心动能力，只有左睫毛可以眨动。那刻，他整个人都崩溃了，悲伤、绝望。这看似他的一生都完了。然而，他不放弃生命，对生命仍充满期待。他利用他唯一的"生命力"——能闪动的左睫毛，每次别人与他说话时，他总是眨动他的左睫毛以引起别人的注意。凭着这小小的希望，他不停地努力，直到有一位女医生发现了他的这个情况。女医生想到了一个办法，拿来一个字母版放在博比眼前，让他根据字母板来锻炼他的睫毛，用睫毛来认字，与人交流。经过长期的锻炼，博比终于可以用这种特别的方式与别人交谈，他的生活也赢得了转机。他后来告诉记者，他内心有一道光，赐予他无穷的力量，

让他继续热爱生命，那就是希望之光。

希望能给人积极向上的力量。在很多情形下，希望的力量可以比知识的力量更强大，因为只有在有希望的背景下，知识才能被更好地利用。一个人，即使他一无所有，只要他有希望，他就可能拥有一切；而一个人即使拥有一切，却不拥有希望，那就可能丧失他已经拥有的一切。希望所调动的也许不仅仅是我们的精神和体力，更多的是追求人生，战胜挫折的力量。

人生路上，我们总是不断追求成功和幸福，总期盼自己的努力付出得到相应的回报。然而，生活对我们，不会预期偿付，也不会善待、温情。在追求成功的路上，挫折和打击往往与我们不期而遇，使我们陷入失望、痛苦的泥潭，有时甚至因失望而绝望，内心没有对生的希望。

在这个时候，我们最需要的就是希望，需要希望来为我们引路，帮我们走出黑暗，走向光明。无论你遇到多大的困难，只要你有希望，你的人生就会立刻充满阳光，创造奇迹。希望就是我们心中温暖而灿烂的阳光。

有了希望，人生才充满力量，才有创造奇迹的可能。没有希望，人生是一团黑暗。每天给自己一个希望，生活就会多一份快乐和精彩。有了希望就会看到成功的曙光。

开朗一点，烦躁便会烟消云散

如果我们保持开朗的心情，我们就能看到生活光明的一面，我们就永远不会有烦恼。

如果一个人的生活态度比较乐观，他往往会产生不可思议的力量，即使遇到挫折也不会怨天尤人，而是能够积极应对，最终战胜挫折，创造人生的奇迹。

生命的阳光是光彩夺目的，能否活出生命的七色阳光，完全靠自己的努力和奋斗。无论你是选择当英雄还是甘当懦夫，是选择放弃还是主动争取，完全取决于自己对于生活的态度。

拿破仑·希尔曾说："人与人之间没有太大区别，只有积极的心态与消极的心态这一细微区别，但正是这一点点区别决定了20年后两个人生活的巨大差异。"

具有乐观、豁达性格的人，无论在什么时候，他们都感到光明、美丽和快乐的生活就在身边。他们眼睛里流露出来的光彩使整个世界都溢彩流光。在这种光彩之下，寒冷会变成温暖，痛苦会变成舒适。即使他们身处绝境也能镇定自若，看到希望的明灯。

在一条去往英国的轮船上，途中突然遇到暴风雨的袭击，船上的人都惊慌失措，有一位老太太非常镇静地在祷告，眼神显得十分安详。风浪过去后，朋友十分好奇地问老太太："你为什么一点都不害怕呢？"老太太说："我有两个女儿，大女儿戴安娜已经去了天堂，小女儿玛丽亚就住在英国。刚才风浪大作的时候，我就向上帝祷告：'如果接我去天堂，我就去看看戴安娜；如果留我在船上，我就去看玛丽亚。不管去哪儿，我都可以和我心爱的女儿在一起，我怎么会害怕呢？'

积极的心态让人产生战胜恐惧的力量，一个心态积极的人即使遇到波折也能从容应对，转危为安。态度消极的人一旦遇到一点挫折就悲观丧气，在危机面前甚至不知所措，结果使自己陷入更糟糕的境地。

有一位智者说过："生性乐观的人，懂得在逆境中找到光明；生性悲观的人，却常因愚蠢的叹气，而把光明给吹熄了。"爱烦恼的人，芝麻小事都会困住他；想解脱的人，天大的事情都束缚不了他。乐观的心态有助于我们才能的发挥。

一个心情开朗的人，总能看到生活中美好的东西。对于这种人来说，根本就不存在什么令人伤心欲绝的痛苦，因为他们即便在灾难和痛苦之中，也能找到心灵的慰藉，正如在最黑暗的天空中心灵总能或多或少地看见一丝亮光一样。尽管天上看不到太阳，重重乌云布满了天空，但他们还是知道太阳仍在乌云之上，太阳的光线终究会照到大地上来。

他们的眼里总是闪烁着愉快的光芒，他们总显得欢快、达观、朝气蓬勃。他们的心中总是充满阳光。当然，他们也会有精神痛苦、心烦意乱的时候，但他们不同于别人，他们总是愉快地接受这种痛苦，没有抱怨，没有忧伤，更不会为此而浪费自己宝贵的精力，而是拾起生命道路上的花朵，奋勇前行。

传说有位秀才第三次进京赶考，住在一个经常住的店里。

考试前两天他做了三个梦：第一个梦是梦到自己在墙上种白菜；第二个梦是梦到下雨天，他戴了斗笠还打伞；第三个梦是梦到跟心爱的表妹脱光了衣服躺在一起，但是背靠着背。

这三个梦似乎有些深意，秀才第二天就赶紧去找算命的解梦。算命的一听，连拍大腿说："你还是回家吧。你想想，高墙上种菜不是白费劲吗？戴斗笠打雨伞不是多此一举吗？跟表妹都脱光了躺在一张床上了，却背靠背，不是没戏吗？"

秀才一听，心灰意冷，回店收拾包袱准备回家。店老板非常奇怪，问："不是明天才考试吗，今天你怎么就回乡了？"秀才如此这般说了一番，店老板乐了："哟，我也会解梦的。我倒觉得，你这次一定要留下来。你想想，墙上种菜不是高种（高中）吗？戴斗笠打伞不是说明你这次有备无患吗？跟你表妹脱光了背靠背躺在床上，不是说明你翻身的时候就要到了吗？"

秀才一听，觉得很有道理，于是精神振奋地参加考试，居然中了个探花。

用乐观的态度对待人生，可看到"红杏枝头春意闹"的美景；用悲观的态度对待人生，举目只是"愁云惨淡万里凝"的阴沉。譬如打开窗户看夜空，有的人看到的是星光璀璨，夜空明媚；有的人看到的是一片黑暗。一个正常的人可在茫茫的夜空中读出星光的灿烂，增强自己对生活的信心，一个不正常的人让黑暗埋葬了自己且越葬越深。

人生在世，不如意的事情十有八九，悲观的情绪笼罩着人生的各个阶段。悲观给人带来巨大的负面影响，它阻碍我们的前进。因此，一位著名的政治家曾经说过："要想征服世界，首先要征服自己的悲观。"克服悲观的情绪，用开朗、乐观的情绪支配自己你就会发现生活有趣得多。悲观是一个幽灵，能征服自己的悲观情绪便能征服世界上的一切困难之事。既然人生中悲观情绪不可避免，我们就不要逃避，重要的是克服它，摧毁它。

虽然在某些事情上，我们可以表现出积极乐观的心态，但如果要想在对待任何事情上都能做到这样，则不是一件容易的事。就像拿破仑·希尔指出的那样："积极的心态需要反复的学习与实践。"

乐观的心态不是天生就有的，它需要一个逐步积累的过程，需要长期不懈地学习，它就像一种技艺，经过不断练习，才能达到熟练的程度。

乐观既是一种心态，更是一种智慧。你有乐观的心态，就能在困境中看到光明，在逆境中找到出路；你有乐观的心态，就能发挥自己的优势，不断地激励自己，让自己的生命更灿烂，更充实。

除了自己，没有人能使你快乐

人生的快乐与否并非取决于外在条件，而是掌握在你自己手中。

2000 年前，希腊哲学家爱比克泰德曾说："让我们感到不安的是我们自己的看法。"这句话说明了，人生的快乐与烦恼都是自己对人生的不同看法造成的。

你虽然不能决定自己生命的长短，但你可以拓展它的宽度。你不能改变你天生的容貌，但你可以时时刻刻展现你亲切的笑容；你不能期望控制他人，但你可以好好把握自己；你不能完全预知明天，但你可以充分利用今天；你不能要求事事顺利，但你可以做到事事尽力。

据说，有一位财主，腰缠万贯，却不知什么是快乐；但他再看看自己家的长工，整天乐呵呵的，财主对此百思不得其解。

其实，一个人快乐与否取决于他的主观意识和态度。从心理上的投射现象来看，人在观察事物时并不是完全被动地接受外界的刺激，而是依着各人当时的心情和经验加上情感色彩，再把它看成某种形态。比如，人们观看天空的云彩时，一会儿像个少女，一会儿像个老人，有时前后重叠还像个亭台楼阁，这就是一种投射现象。

乡村有一对清贫的老夫妇，有一天他们想把家中唯一值点钱的一匹马拉到市场去换点更有用的东西。老头牵着马去赶集了，他先与人换得一头母牛，又用母牛换了一只羊，再用羊换来一只肥鹅，又把鹅换了母鸡，最后用母鸡换了别人的一大袋烂苹果。在每次交换中，他都想给老伴一个惊喜。

当他扛着大袋子来到一家小酒店歇息时，遇上两个英国人。闲聊中他谈了自己赶集的经过，两个英国人听得哈哈大笑，说他回去准会挨老婆子一顿揍。老头子坚称绝对不会，英国人就用一袋金币打赌，三人于是一起回到老头子家中。

老太婆见老头子回来，非常高兴，她听着老头子讲赶集的经过。每听老头子讲到用一种东西换了另一种东西时，她都充满了对老头子的钦佩。

她嘴里不时地说着："哦，我们有牛奶了！"

"羊奶也同样好喝。"

"哦，鹅毛多漂亮！"

"哦，我们有鸡蛋吃了！"

最后听到老头子背回一袋已经开始腐烂的苹果时，她同样不愠不恼，大声说："我们今晚就可以吃到苹果馅饼了！"

结果，英国人输掉了一袋金币。

即使失去一匹马也不必埋怨，乐观一点，既然有一袋烂苹果，就做一些苹果馅饼好了，这样生活才能妙趣横生、和美幸福，而且，你才可能获得意外的收获。从这个故事中我们可以明白，一个人快乐不快乐并不决定于外在的得与失，而是取决于自己的心态。

当用快乐的心情接受一切的时候，你得到的结果一定比你糟糕的心态得到的结果好，甚至你会发现奇迹般的结果。

有的人虽然一贫如洗，但仍不改其乐；但有的人拥有万贯家财，却郁郁寡欢。这些现象说明了一个道理：客观环境并不是决定欢乐与否的主要因素，真正起到决定作用的是个人的主观意识与态度。有这样一首诗：你要是心情愉快，健康就会常在；你要是心境开朗，眼前就会一片明亮；你要是经常知足，就会感到幸福；你要是不计较名利，就会感到一切如意。

有的人觉得自己不快乐，到处寻找快乐，结果一无所获，反而得到了许多烦恼，快乐就在自己身边，不在别处。

一群年轻人到处寻求快乐，但是，却遇到了许多烦恼、忧愁和痛苦。他们向老师苏格拉底询问，快乐到底在哪里？

苏格拉底说："你们还是先帮我造一条船吧！"

这群年轻人暂时把寻求快乐的事儿放到了一边，找来造船的工具，用了七七四十九天，锯倒了一棵又高又大的树，挖空了树心，造成了一条独木船。独木船下了水，这群年轻人把老师请上了船，一边合力荡桨，一边齐声唱起歌来。苏格拉底问："孩子们，你们快乐吗？"

学生齐声回答："快乐极了！"

苏格拉底道："快乐就是这样，它往往在你为着一个明确的目的忙得无暇顾及其他的时候突然来到。"

一个多么智慧的学者，在点滴之间告诉我们一个其实很简单的道理，快乐就存在于你的生活之中，不用到处寻找。

其实不快乐往往是自寻烦恼，如果能够改变心情、改变心境一切都会很美好。当你不快乐的时候就去做点什么吧，它一定能够让你忘掉烦恼、忘掉忧愁、忘掉痛苦的。

在生活中，遇到不如意的事十有八九，已经发生的事情我们无法改变，但我们可以改变对事物的态度。面对生活中的不幸人们往往持有两种态度：一种是面对现实想办法适应，从而得到快乐；另一种是让忧郁与悲哀毁灭自己。仔细观察和分析一下快乐的人们，不难发现，他们有一个共同的特点，那就是善于接受并适应那些无法避免的困境，善于解脱，善于从苦中求乐。

我们应该让自己的生命充满快乐，因为快乐的自己才不会钻入牛角尖，才能乐观进取。做人还要保持开朗，因为开朗的自己才有可能把快乐带给他人，让生活中的气氛变得更加愉悦。

如果你时时刻刻都保持一颗轻松快乐的心，你就拥有了美好幸福的生活。不管外面的世界是如何变化，你都轻松自如地生活。保持乐观的心态，你会发现自己的人生充满精彩。

为自己的坏情绪装一道阀门

不良情绪是一种心理病毒，不断吞噬我们的心灵。我们应该学做情绪的主人，不断地调整自己的心态，因为善于适应才能找到快乐。

生活中人人避免不了不良情绪，不良情绪是人性的一大弱点，这是一种心理病毒，它比其他身体疾病更加厉害，它能摧毁人的一生。要想创造人生的奇迹，必须认识到这一点，做自己情绪的主人，这样才能踏上成功的道路。

情绪需要理智和意志加以控制，控制情绪，从表面上看是对自己天性和自由的约束，实际上这种约束却能使你获得更多的自由。因为在某种程度上，能够控制自己的情绪就意味着主宰了自己的命运。

面对同一件事情，每个人的想法不同，就有不同的情绪反应。例如：觉得下雨很麻烦的人，碰到下雨心情就会比较烦躁；但是喜欢下雨的人，心情就会比较愉悦。所以，情绪归根结底，还是来自自己内心的看法。如果用不太合适的思考方法来看待事情，就会引发让人不舒服的负面情绪感受。

很多人有动辄发怒的习惯，虽然他们知道这是一种不好的习惯，但是当遇到某些令人生气的事情时，依然控制不了自己的情绪，任由这种不良情绪兴风作浪。人一旦为不良情绪左右，就有可能做出令自己后悔甚至遗恨终生的事。

在人的一生中，与人相处时，不分是非曲直、话不投机动辄发火，这是一种没有涵养的表现。

有这么一个故事，1965 年 9 月 7 日，世界台球冠军争夺赛在纽约举行。路易斯·福克斯十分得意，因为他远远领先对手，只要再得几分便可登上冠军的宝座了。然而，正当他全力以赴拿下比赛时，发生了令他意料不到的小事：一只苍蝇落在台球上。这时的路易斯本没在意，一挥手赶走苍蝇，俯下身准备击球，这只可恶的苍蝇又落到了主球上。在观众的笑声中，路易斯又去赶苍蝇。此时，他的情绪明显受到了影响。然而，这只苍蝇好像故意要和他作对，当路易斯再一次回到台盘，苍蝇也跟着飞了回来，惹得在场的观众开怀大笑。路易斯的情绪恶劣到了极点，终于失去了冷静和理智，愤怒地用球杆去击打苍蝇，不小心球杆碰动台球，被裁判判为击球，从而失去了一轮机会。本以为败局已定的竞争对手约翰·迪瑞见状勇气大增，信心十足，最终赶上并超过路易斯，夺得了冠军。

路易斯的能力并不逊于迪瑞，可眼看金光闪闪的奖杯就要到手时，心理方面的致命弱点使他与世界冠军失之交臂：对待影响自己情绪的小事不够冷静和理智，不能用意志来控制自己，是他失败的主要原因。

"情绪"就像人的影子一样每天与人相随，我们在日常的工作、学习和生活中时时刻刻都体验到它的存在给我们的心理和生理上带来的变化。消极的情绪具有感染性，它不仅有害健康，而且会干扰人的理性判断，也正是工作和生活的大忌。

翻阅古今历史，你会发现，那些容易发怒的人，多数都功败垂成。为什么？因为，人一发怒，就会思维混乱，就会失去理智，就会做出不可思议的事情来。如果你无法制怒，那么你永远到达不了成功的巅峰。因为你在前进的路上会遇到很多事情，如果容易发怒，就容易掉进万丈深渊。

生活中，面对不同的环境，不同的对手，有时候采用何种手段已不太关键，而保持好自己的情绪才是至关重要。

《三国演义》中，有著名的"三气周瑜"的故事。周瑜和诸葛亮约定，如果周瑜夺取南郡失败，刘备再去取，周瑜第一次夺取失利受伤，然后又将计就计，打败了曹兵。但是诸葛亮却乘机夺取了南郡等地，既没有违约，又夺取了地盘。周瑜因此大怒。

刘备的夫人死后，孙权按照周瑜的计策假装把自己的妹妹孙尚香许配给刘备，想把刘备骗到东吴，再将其杀害。周瑜便想让刘备长期与诸葛亮、关羽、张飞等人隔开，并且用声色迷惑刘备，使之丧失得天下的雄心，但是失败了。诸葛亮又使计让刘备安然地回到了荆州，并且让周瑜中了埋伏，还让士兵讥讽周瑜"周郎妙计安天下，赔了夫人又折兵"。周瑜气得吐血。

刘备向东吴借取荆襄九郡，图谋发展壮大自己，然而东吴怕养虎为患，等刘备强大后势必对自己构成威胁，三番五次要求其归还荆州。刘备和诸葛亮就以攻取西川后，必还荆州为由，迟迟不攻取，此举令周瑜气急败坏，遂想出了过道荆州帮助刘备攻取西川，因为欲攻取西川必须途经荆州，可是周瑜实则是为了攻取荆州。此计被诸葛亮识破，使得周瑜被围，周瑜气急又加之旧伤复发，不治身亡。

周瑜无法抑制的愤怒情绪最终让他命丧黄泉，他不仅毁了自己的事业前程，同时也毁了吴国的事业前程。《孙子兵法》上说："主不可以怒而兴师，将不可以愠而致战。"一针见血地指出了为君、为将的大忌。因此，一个人要想取得成功，首先要学会制怒。

有时候，掌控不住情绪，不管三七二十一发泄一通，结果搞得场面十分难堪。生活中，每个人都难免会碰到这种擦枪走火的状况。但是，聪明人有将情绪马上收回来的本事。

情绪处理得好，可以将阻力化为助力，帮你解危化险。情绪若处理得不好，便容易激怒，产生一些非理性的言行举止，轻则误事受挫，重则违法乱纪。

学会控制自己的情绪十分重要，要做自己情绪的主人。有一句话说得好：你无法改变天气，却可以改变心情；你无法控制别人，但能够掌握自己。我们要做自己情绪的主人，你的人生才会充满欢乐。

给心灵洗个澡，生活多一份轻松

我们成长的历史，就是心灵跋涉的历史。时间久了，心灵难免蒙上灰尘。洗掉心灵的灰尘，你会更轻松潇洒。

在竞争日趋激烈的现代社会，很多人都背负着沉重的心理压力，不但耗费心力，也啃噬着身体的健康，带来一生的痛苦……这时，我们需要停下匆匆的脚步，给心灵洗个澡，除去内心的污垢，使内心达到平静与和谐。内心的平静与和谐会帮助我们重拾起对生活的热爱与信心，使人生的境遇变得更加顺达。

美国著名的心理学家威廉·詹姆斯说："我们这一代人最重大的发现是，人能改变心态，从而改变自己的一生。"的确，人生的成功或失败，幸福或坎坷，快乐或悲伤，有相当一部分是由人自己的心态造成的。

弗洛姆是一位著名的心理学家。有一天，学生们向他请教一个问题：心态对一个人会产生什么影响？

弗洛姆没有正面回答，他只是微微一笑，把学生带到一个黑暗的屋子。在这个伸手不见五指的房间里，他引导学生一个个从一座并不宽敞的木桥上穿过了这个房子。等学生们全部过完以后，弗洛姆打开了房间的一盏灯，在昏暗的灯光下，学生们一个个吓得目瞪口呆，出了一身冷汗。原来，这间房子的地面是一个很深很大的池子，池子里有一条大蟒蛇和几条毒蛇，正高昂着头，向他们吐着信子。而他们刚才走过的桥，正是架在这个池子的上方。

弗洛姆望着他们，问道："现在还有谁愿意再次走过这个桥吗？"学生们面面相觑，都保持沉默。过了片刻，终于有3个学生犹犹豫豫地鼓足勇气站了出来。其中胆子最大的一个学生小心翼翼地移动着双脚，虽然走完了桥，但速度比第一次明显慢了许多；第二个学生战战兢兢地跺在木桥上，好不容易走完了一半，却再也不敢往前；第三个学生则弯腰趴下，慢慢地从木桥上爬着前行。

之后，弗洛姆又打开了房内的另外几盏灯，强烈的灯光一下子把房间照得如同白昼。学生们意外发现木桥下面其实有一道安全网，网离蛇还有相当的高度，网线也很牢，先前只是因为光线暗淡，他们才没有发现。

弗洛姆接着又问："你们当中还有谁愿意现在就通过这个桥吗？"学生们齐声答道："愿意。"然后，大家轻松地排队走过了小桥。

弗洛姆微笑着说："我可以解答你们的问题了。这桥本来不难走，可是桥下的毒蛇对你们造成了心理威慑，于是，你们就失去了平静的心态，乱了方寸，慌了手脚，表现出各种程度的胆怯，而一旦心态恢复了平静，又可以轻松地走过。这就是心态对人行为的影响。"

人的心态深刻影响着人的行为，积极的心态使人产生积极的行为，而消极的心态必然导致消极的行为。

在人生的旅途中，困难和挫折在所难免，持一种什么样的心态，将最终决定你的人生轨迹。所以，要学会给自己的心灵洗个澡，消除心灵上的污垢，我们的潜能才能充分发挥出来。

在生活中，有好多人做每件事时，总喜欢把问题复杂化，担心这担心那，眼中只有困难，以致心理负担过重，干事业时放不开手脚，关键时刻犹豫不决，从而失去了许多机会，最后一事无成。倒是那些勇往直前，敢闯敢试，把困难、险恶、羁绊甩在一边的人，却能保持良好心态，专心走好自己脚下的路，成就一番事业。

命运掌握在自己手中。但你的心灵之门如果不打开，就无法改变既定的局面。打不开人生的格局，你就拿不到打开成功大门的钥匙，也改变不了你的命运。

人的心灵往往受到现实因素的制约和束缚，以致人不敢对既定的现状有所憧憬，有所突破。生命的潜力是无限的，可惜我们有时把自己限制在一个小圈子里，无形中抑制了生命潜力的发挥。

有一个年轻人准备去探险。当时，正逢要去的地方遭受严重旱灾。年轻人随身带了一个沉重的背包，里面塞满了食品、切割工具、衣服、指南针、护理药品等等。年轻人对自己的背包很满意，认为已为旅行做好了充分的准备。

　　一天，当地的向导检视完背包之后，突然问了一句："这些东西让你感到快乐了吗？"年轻人愣住了，这是他从未想过的问题。他开始问自己，结果发现，有些东西的确让他很快乐，但是有些东西实在不值得背着走那么远的路。年轻人决定取出一些不必要的东西送给当地村民。接下来，因为背包变轻了，他感到自己不再有束缚，旅行变得更愉快。

　　一个人生命里填塞的东西越少，就越能发挥潜能。我们应该学会在人生各个阶段定期解开包袱，随时寻找减轻负担的方法。决定一个人命运的不是他所处的环境，而是他是否有一个良好的心态，是否懂得在任何情况下，都不忘整理清洗自己的心灵，以便让自己活得更轻松、更自在、更洒脱。

　　在我们的生活经历中，许多人都经历过类似的事情。例如，因为自己平凡的背景，而不敢去梦想非凡的成就；因为自己学历的不足，而不敢立下宏伟大志；因为自己的无知，而不愿打开心扉，去追求更好的生活。可是如果你不主动打破生命的格局，你就无法改变你的人生。

　　人是自己命运的主宰。只有积极追求美好的生活，才能实现自己的梦想，开创成功的人生格局。

　　给自己心灵洗个澡，关键要正确认识自己。老子曾说："知人者智，自知者明。"意思是说真正聪明智慧的人，应该既能正确认识别人，也能正确认识自己。正确认识自己，才能使自己充满自信，才能使人生的航船不迷失方向。正确认识自己，才能正确确定人生的奋斗目标。只有有了正确的人生目标，并充满自信，为之奋斗终生，才能此生无憾，即使不成功，自己也会无怨无悔。

　　失败沮丧之时，给心灵洗个澡。不因一时的失败而心灰意冷，用希望打开一条活路。精神是生命的真正支柱，只要它不垮下，生命就不会变形。

成功得意之时，给心灵洗个澡。头脑要清醒，不盲目乐观，不气盛用事，不好大喜功，不满足现状，心中存有忧患意识，能清醒地看到还有很长的路要走。

苦闷茫然之时，给心灵洗个澡。不因奔波、跌倒、无助而抱怨，不因往事而悔恨，不为未来的事情而担忧，不畏惧生活，敞开心灵，勇敢地面对一切。

疲惫不堪之时，给心灵洗个澡。生活中不是只有打拼，还要有享受，不要只忙于事业，忙于挣钱，忙得不顾命。累了就歇歇，做好自我调节，找到工作生活、事业家庭的平衡点。

给心灵洗个澡，就是摒弃内心的杂念，给灵魂喘息的机会；给心灵洗个澡，就是换个心态过人生，踏上坦荡的命运之途；给心灵洗个澡，就是给梦想和希望插上翅膀，让它带领自己越飞越高。

人生在世，要时刻关注自己的心灵。我们要适时地给心灵洗个澡，及时清除心灵的灰尘，使自己拥有一副健康的身体，养成一种良好的心态，过着一种从容安适的生活。心灵得到了洗礼，我们的人生才会充满精彩。

积极心态带你走出消沉的圈子

人们常说："心态决定一切。"积极的心态可以让你迅速远离消极情绪的困扰。

成功与失败最微妙的差别就在于你的心态。如果你的心态是消极的，你的生活必然是黯然失色的；如果你的心态是积极的，你的生活将是光彩夺目的。消极的心态使人垂头丧气，积极的心态使人充满活力。

心态决定人的一生，而自己就是心态真正的主人。我们应该将自己的心态转变过来，变消极为积极。心态一变，你的人生就会随之而变，奇迹就会出现。

拿破仑·希尔说："把你的心态放在你所想要的东西上，使你的心远离你所不想要的东西。对于有积极心态的人来说，每一种逆境都含有等量或者更大利益的种子，有时，那些似乎是逆境的东西，其实往往中间隐藏着良机。"思想是行为的先导，我们把自己想象成什么样，就真的会成为什么样子。只要我们运用积极心态的原则，每个人都会成功。

叔本华说："人们不受事物影响，却受到对事物看法的影响。"世间许多事情本身并无所谓好坏，全在于当事人怎么看。当我们面对一件事情时，学会如何保持乐观豁达的心境而避免自寻烦恼显得十分重要。

塞尔玛陪伴丈夫驻扎在一个沙漠的陆军基地里。丈夫奉命到沙漠里去演习。她一个人待在陆军的小铁皮房子里。天气热得受不了——在仙人掌的阴影下也有50℃。她没有人可以谈天——身边只有墨西哥人和印第安人，而他们都不会说英语。她非常难过，于是就写信给父母，说要丢开一切回家去。不久，她收到了父亲的回信。信中只有短短的两行字："两个人从牢房的铁窗望出去，一个看到泥土，一个却看到了星星。"

读了父亲的来信，塞尔玛觉得非常惭愧。她决定要在沙漠中找到星星。塞尔玛开始和当地人交朋友，她对他们的纺织、陶器很感兴趣，他们就把自己最喜欢的纺织品和陶器送给她。塞尔玛研究那些仙人掌和各种沙漠植物，观看沙漠日落，还研究海螺壳，这些海螺壳是几万年前当沙漠还是海洋时留下来的……原来难以忍受的环境变成了令人流连忘返的奇景。塞尔玛为自己的发现兴奋不已，并就此写了一本书，书名为《快乐的城堡》。

　　沙漠没有改变，印第安人也没有改变，改变的只是她的心态。只是一念的转变，使塞尔玛把原先认为恶劣的情况变成了一生中最快乐、最有意义的冒险，塞尔玛终于找到了属于自己的星星。

　　生活是一种伟大的艺术，一个真正懂得生活的人，他的眼睛总是明亮的，他总能发现生活的光明。不要让灰尘蒙蔽了你的双眼，别让太多的功利束缚你的心灵，你就会发现快乐如同星星般密布在我们身边的每一个角落，几乎随手可拾。

　　拿破仑·希尔指出，如果你不满意自己的环境，想力求改变，则首先应该改变自己的心态；假如一个人有积极的心态，那么他四周所有的问题都将迎刃而解。积极的心态是心智的健康和营养，它能让一个人充满自信、受人喜欢、知足常乐、倍感幸福，更重要的是它还能让人改变自我、改变世界。

　　一个星期六的早晨，一个牧师正在为准备第二天的演讲伤透脑筋，他的太太出去买东西了，小儿子由于没人照看一直在旁吵个不停。牧师随手拿起一本旧杂志，顺手一翻无意间看到一张色彩鲜丽的巨幅图画，那是一张世界地图。他于是把这一页撕了下来，撕成碎片，丢到了客厅的地板上然后对小儿子说："强尼，来，把它拼起来，我就给你两毛五分钱。"

　　牧师以为他至少能安静个半天，怎料不到10分钟，他书房就响起了敲门声，"爸爸，我已经拼好了。"儿子强尼喊道。牧师惊讶万分，他怎么能这么快就拼好了，而且每一片纸头都整整齐齐地排在一起，整张地图又恢复了原状。"儿子啊，你怎么做到的？"牧师问道。"很简单呀！"强尼说，"这张地图的背面有一个人的图画。我先把一张纸放在下面，把人的图画放在上面拼起来，再放一张纸在拼好的图上面，然后翻过来就好了。我想，假使人拼得对，地图也该拼得对才是。"
听完，牧师忍不住笑了起来，立马给儿子两毛五的镍币。"儿子呀，你把明天演讲的题目也给了我了。"牧师说道，"假使一个人是对的，他的世界也是对的。"

在人的思想中，始终有这样一种倾向，当我们把自己想象成什么样子，最后往往会变成那个样子。心有多大，舞台就有多大。任何一种励志的学说都笃信（或在宣扬），人意念的力量是无比巨大的。只要有明确的目标、坚定的信念，再加以积极的心态去创造、去追求，你总是能如愿以偿、实现梦想，而这正是一切成功的根本和起点。

心态积极的人，可以把恶劣的环境变成对自己有利的环境。心态积极的人，像太阳，照到哪里哪里就亮；心态不好，容易消极的人，像月亮，初一、十五不一样。心态决定我们的生活，有什么样的心态，就有什么样的未来。想改变生活，得先改变自己的心态。

心态改变，态度就跟着改变；态度改变，习惯就跟着改变；习惯改变，性格就跟着改变；性格改变，人生最终改变。

很多时候，我们之所以感到生活枯燥无味，是因为我们的心态是枯燥乏味的。如果想使生活变得有滋味，就要改变心态——变消极心态为积极心态。只有改变自己的心态，我们才有可能改变自己的生活。

有位哲人说："积极的心态需要反复的学习与实践。就像我们打高尔夫球那样，你可能在某个时刻打了一两杆好球，便以为自己懂了这项运动，但在下一个时刻，你可能连球都击不中呢！我们需要每一天的学习，以克服自己的负面习惯，将自己调整为正向的思维方式。"

积极的心态才能解除我们思想和心灵的枷锁，为我们的生命带来阳光和温暖。

随遇而安，从容淡定永不烦恼

　　随遇而安，不是一种消极的态度，而是一种理智的清醒，是一种人生修养的境界。

　　生活中很多东西，靠人力是无法得到的。一个真正聪明的人，不会执著于那些自己不能把握的东西，只要自己能够做到的做得尽善尽美，就是一种胜利了，至于能不能最终获得回报，则不要放在心上。

　　一个人贫也好，富也好，高也好，低也罢，都不会是一成不变的，重要的是要有一颗平常心。只有随遇而安、从容淡定的人才永远不会有烦恼。

　　很多人执著于付出与回报的平衡关系上，付出就要有所回报，如果没有回报，那就不值得付出。这种态度正是强求心态的思想基础。"不值得"态度很容易使人们变得急功近利，从而扰乱了心灵的平静，整天郁闷不已。

　　随遇而安的人是不会强迫自己的。不强迫自己并不代表不思进取、止步不前，更不是拒绝接受挑战，而是有所选择，抛弃那些异想天开和不切实际的想法，而是客观准确地衡量自己的能力，对于能做到的事情尽全力去完成，对于自己认为正确的意见认真接受，该争取的就要去争取，该放弃的就要放弃。

　　俗话说："成固欣然，败亦可喜。"以欣赏之情来看世界，就能在任性自如的心情中将烦恼抛开，获得一种精神上的超脱。

　　一提到苏东坡，中国人总是联想到豁达、乐观，这也许最能表现他的特质。

在生死场上镇静自若，笑向刀斧丛的英雄自古不乏其人，但在残酷的政治打击面前仍谈笑风生，畅怀高歌的文学家却并不多。苏东坡便是极特殊的一个。

苏东坡就是这样一个人：一个"不可救药"的乐天派。他曾经任杭州通判，并先后任密州、徐州、湖州的父母官。后来因为作诗"谤讪朝廷"罪贬黄州。哲宗时任翰林学士，曾出任杭州、颖州等，官至礼部尚书。后又贬谪惠州、儋州。一个研究苏东坡的外国人曾经作过统计，苏轼一生担任过30个官职，遭贬17次，频频往返于庙堂和江湖之间，还坐过130天监牢。然而他一生达观，留下的诗文中很少悲观厌世之作。至于苏东坡历次被贬的原因，真正可以称得上是"莫须有"。

苏东坡因为被文学史家称为"乌台诗案"的案件被贬到黄州时，他弟弟苏辙曾说过一句话："东坡何罪？独以名太高。"他太出色、大响亮，能把四周的笔墨比得十分寒碜，能把同代的文人比得有点狼狈，引起一部分人酸溜溜的嫉恨，所以你一拳我一脚地糟践，几乎是不可避免的。

在"乌台诗案"中，全家人都为他担心而哭泣，可他却仍跟妻子开玩笑，让妻子也像杨朴妻那样作一首滑稽诗给他送行。他被贬官黄州，妻子生了一个儿子让他提诗，他嬉戏道："人皆养子望聪明，我被聪明误一生，唯愿孩子愚且鲁，无灾无难到公卿。"苏东坡被贬到了黄州，他失去薪俸，成了个农民，又带着一家老小十数口，他生活得非常简朴，开始节衣缩食地过日子。他把钱藏在瓦罐中，每天只能取出150文，然后立刻将格瓦罐收在天花板上。另外他还准备了一个大竹筒，存放剩余的零钱以备招待意外的访客。面对境遇的陡落，苏东坡心中自然也苦闷难当，于是他移情于物，他耕作田间，自得其乐。

苏东坡一生历尽坎坷，对待生活他却没有选择消极避世的态度，而是不甘沉沦，愈挫愈奋，使自己对外能够有用于世；对内心，能借笔墨将自己的哲思抒写出来，达到了不求被用而自用的崇高境界。不但至今各地还留有他不少遗迹，而且为世人留下了一笔宝贵的精神财富，这也是他的政敌始料不及的。

随遇而安是一种智慧的生活态度，它可以使人保持一颗平静的心，使人能够理性地去看待生活和工作中的得与失，随遇而安的人不从众，他们独立、自我，不会为迎合别人而委屈自己。他们乐观、自信，并且不急功近利。他们思维不偏激，行事不过头，即不置别人于死地，也不对自己苛求。他们全力投入生活，但并不渴望生活回报自己更多，他们更多的是在做事情的过程中享受生活的充实和愉快，而不是在意生活会回报自己什么。

据传说，孔子门下有弟子3000个，其中最为出名的有72个，而在孔子所有的这些学生中他最为得意的就是颜回。在孔子看来，颜回所做的一举一动，都很合乎他的心意。所以孔子常常表扬颜回，用他的事例来教育其他的学生。

颜回，字子渊，也叫颜渊。有一次，孔子给学生讲学就说道："贤哉，回也！一箪食，一瓢饮，在陋巷，人不堪其忧，回也不改其乐。贤哉，回也！"意思就是说，颜回才是真正的贤者！他独自一人住在荒僻的茅屋里，过着极其艰辛的生活，他吃饭用的器具就是竹子做的箪，盛水的用具就是用木头做的瓢。这事要是发生在别人身上，一定早就不堪忍受了，但是颜回却始终都觉得很知足、很快乐。颜回的确是一个真正的贤者啊！由此可见，孔子是十分欣赏颜回的这种品德，孔子说这就是"安于贫而乐于道"的境界。有一次鲁哀公问孔子："在你的众多弟子中，哪一个是最好学的？"孔子说："只有颜回是最好学的，他从来都不迁怒于人，知错就改，绝不犯同样的错误。只可惜他命太短了。"颜回在29岁的时候头发便全都白了，在他32岁的时候就死了。孔子也为他的短命而悲痛欲绝。

颜回不计得失、随遇而安的人生态度，使他成为孔子最得意的学生。这样的人生态度自然为世人所敬仰与钦慕。他能够大处着眼，不计较小成小毁，故能随遇而安。

这种超然的人生态度，也正是我们如今所领悟的"以出世的心态做入世的事业"的人生态度。

好多人把随遇而安理解成消极地等待，或者是听从命运的摆布，这是对随遇而安的错误理解。随遇而安是寻求生命的平衡，谁能达到这种境界，谁的生活就美好，谁的生命就有质量，在生存中就能活得自在。

随遇而安是一种人生境界，有了这种境界就会产生无比强大的力量。谁能做到随遇而安，谁就有宁静的心灵。

人生的际遇千差万别，种种差别其实都是正常的，而面对同样的境遇，有的人愤愤不平，有的人却能随遇而安，皆缘于心境。只要我们保持一颗平静的心，烦恼就永远不会来侵扰我们。